中国极地考察**40**周年科研成果
中国南极长城站科研成果
南极长城极地生态国家野外科学观测研究站科研成果

南极长城站周边地区
生态环境特征及变化

何剑锋　等◎编著

海洋出版社

2024年·北京

图书在版编目（CIP）数据

南极长城站周边地区生态环境特征及变化 / 何剑锋
等编著. — 北京：海洋出版社, 2024.5
ISBN 978-7-5210-1260-6

Ⅰ. ①南… Ⅱ. ①何… Ⅲ. ①南极－生态环境－研究
Ⅳ. ①X321

中国国家版本馆CIP数据核字(2024)第095927号

审图号：GS京（2024）0934号

责任编辑：程净净
责任印制：安　森

海洋出版社 出版发行
http://www.oceanpress.com.cn
北京市海淀区大慧寺路 8 号　　邮编：100081
侨友印刷（河北）有限公司印刷　　新华书店经销
2024年5月第1版　　2024年5月第1次印刷
开本：889mm×1194mm　　1 / 16　　印张：10.75
字数：240千字　　定价：146.00元

发行部：010-62100090　　总编室：010-62100034
海洋版图书印、装错误可随时退换

《南极长城站周边地区生态环境特征及变化》编委会

南半球夏季，南极长城站周边地区焕发出勃勃生机

序　言

受全球气候异常变化牵动，地球村的人们一直关注着南北极的生态环境变化趋势。早在1984年10月15日，老一辈党和国家领导人邓小平同志在中国科学家首次考察南极出发前，挥笔题词"为人类和平利用南极做出贡献"。弹指一瞬间，一代又一代科技工作者前赴后继登上南极，以南极长城站为核心载体，以深刻认知长城站周边地区生态环境在复杂条件下的变化趋势、考察与和平共享利用极地生态环境资源、发展极地科学、服务全人类为目标，进行了艰苦卓绝的科学考察。面对我国一年又一年海量的南极考察资料和一批批科考成果，南极长城极地生态国家野外科学观测研究站（以下简称"长城国家野外站"）的何剑锋站长领头担当，把一批批亮晶晶的成果串成了耀眼夺目的"成果珍珠链"，编写了《南极长城站周边地区生态环境特征及变化》一书，如一朵在冰山雪地中绽放的极地科学之花，甚是可喜可贺。

自南极长城站建站以来，在国家"国际极地年中国行动""南北极环境综合考察与评估专项"等极地专项任务、国家科技攻关项目及国家重点研发专项项目、国家自然科学基金项目等诸多项目支持下，中国极地研究中心（中国极地研究所）、自然资源部第一海洋研究所、自然资源部第二海洋研究所、国家海洋环境监测中心、中国气象科学研究院、中国科学院植物研究所、中国科学院生态环境研究中心、中国科学技术大学、武汉大学、中国海洋大学等多家机构的科研团队，依托南极长城站和长城国家野外站，在气候变化、生态变迁、环境污染、生态评估、微生物资源利用等领域取得了大量丰富的研究成果。

本书梳理、凝练了我国在南极长城站周边地区（南设得兰群岛和南极半岛）获得的研究成果，特别是近十年来取得的亮点研究成果，包括南极半岛气候变化与机理、菲尔德斯半岛植被和无冰区微生态系统特征、南极半岛地区企鹅和海豹等高营养级生物种群的变迁、环境污染状况、气候变化和人类活动对生态系统的影响等，以及集卫星遥感、地面与海上在线观测、资料智能处理一体化的极地生态环境科学考察研究网建设和人工智能技术应用的跨越进展。

专著集众贤之能，承考察实践之上，总结经验，提炼成果，理出体会，挥笔成书，言南极长城站周边地区生态环境特征及变化，是一本以第一手考察资料为本、亮出成果的佳书。

该书的出版回答了地球村的人们关心的很多南极生态问题，对于增强我国在极地生态领域的话语权十分有意义。同时，该书也可为我国其他四个南极科学考察站的快速发展提供重要的借鉴，是极地科学工作者的有益参考。

　　"百尺竿头，更进一步"，殷切期盼在长城国家野外站何剑锋站长的带领下，再接再厉，发挥全国极地科学工作者的积极性，聚人气，推极地考察之大浪，为透明极地生态、和平共享与智慧利用极地考察数据成果做出更大贡献。

潘德炉　中国工程院院士

南极长城极地生态国家野外科学观测研究站学术委员会主任

前　言

　　南极长城站是我国在南极地区建立的首座常年考察站，也是我国极地考察 40 年快速发展的出发地和见证者。1984 年 11 月 20 日，中国首次南极科学考察队乘坐"向阳红 10"号船和"J121"船，从上海起航，开始了远征南极的旅程。1984 年 12 月 31 日，中国首次南极科学考察队在南极洲乔治王岛西南部的菲尔德斯半岛上，举行了隆重的中国南极长城站奠基典礼。1985 年 2 月 20 日，中国第一个南极考察站——长城站宣布落成，开辟了我国极地科学考察的新纪元。

　　与此同时，我国依托长城站，于 2000 年 9 月首批试点建设国家野外科学观测研究站，并于 2006 年 11 月正式获批"南极长城极地生态国家野外科学观测研究站"，为我国南极科学考察提供了更为坚实的观测和研究平台。长城国家野外站总体定位为，面向国家重大需求和极地前沿科学问题，遵循国家野外站观测、研究、示范和服务的总体定位，将长城国家野外站建设成为我国南极生态环境和生物资源观测研究国家中心，以及极地人才培养实践、科研成果示范应用、极地科普的核心平台。研究方向主要包括：①生态系统和生物多样性监测与评估；②生态系统对全球气候变化的响应与反馈；③生物环境适应性与生物资源利用。

　　长城站所在的菲尔德斯半岛（61°51′—62°15′S，57°30′—59°00′W）位于西南极南设得兰群岛乔治王岛西南部，是南设得兰群岛第二大无冰区，附近分布有阿德利岛和其他一些小的岛屿（图 0.1 和图 0.2）。长城站周边地区具有亚南极典型的偏温暖、多降水和复杂多变的气候特征，生物多样性和生物资源丰富，菲尔德斯半岛陆上遍布苔藓、地衣和发草，东岸有重要的海豹栖息地，附近阿德利岛则是重要的企鹅繁殖地。该地区设有两个南极特别保护区（ASPA），其中，ASPA No.125 菲尔德斯半岛主要对半岛丰富的化石进行保护，而 ASPA No.150 阿德利岛则是对企鹅栖息地进行保护。

　　该地区同时也是南极受全球气候变化和人类活动影响最为显著的地区，有 8 个国家在乔治王岛建站，是南极地区建站密度最大的地区；仅菲尔德斯半岛就坐落有中国长城站、智利费雷站、俄罗斯别林斯高晋站和乌拉圭阿蒂加斯站；半岛中部建有智利的机场跑道（1980 年启动），是南设得兰群岛乃至南极半岛的一个重要后勤保障基地。除各站的科学考察活动外，每年还有大量的游客拜访该地区，并呈逐年增加的趋势。科考、后勤和旅游相关活动在时间和空间上高度重合。

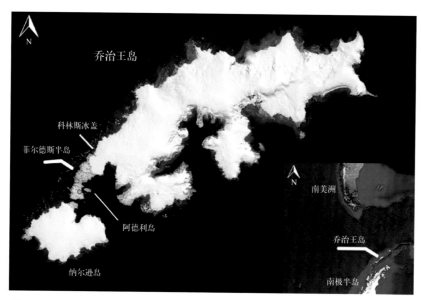

图 0.1　南极乔治王岛菲尔德斯半岛地理位置示意图（改自 Polyakov et al., 2020）

图中红圈为长城站所在位置

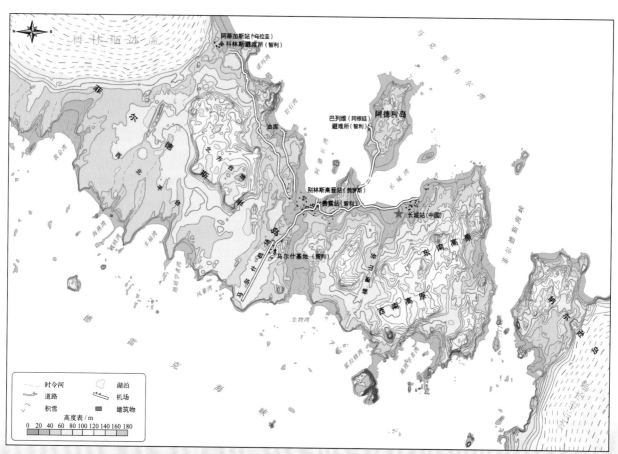

图 0.2　南极菲尔德斯半岛地形地貌示意图（改自武汉大学南极测绘研究中心）

图中★为长城站所在位置

从我国首次南极科学考察开始，我国科研人员就依托长城站，在菲尔德斯半岛及周边地区持续开展了以生态环境为主的长期监测、调查和科学研究，获得了一大批具有国际影响的科研成果，加深了国际社会对亚南极地区基础环境和生态系统的认知。自建站以来，我国以长城站为重要支点，开展了卓有成效的科学观测与研究，并承担了"国际极地年中国行动"（2007—2011 年）、"南北极环境综合考察与评估专项"（2012—2016 年）等极地专项任务、国家科技攻关项目及国家重点研发专项项目、国家自然科学基金项目等。来自中国极地研究中心（中国极地研究所）、自然资源部第一海洋研究所、自然资源部第二海洋研究所、国家海洋环境监测中心、中国气象科学研究院、中国科学院植物研究所、中国科学院生态环境研究中心、中国科学技术大学、武汉大学、中国海洋大学等多家机构的科研团队，依托长城站和长城国家野外站，在气候变化、生态变迁、环境污染、生态评估、生物资源利用等领域取得了大量的研究成果，为"认识南极、保护南极、利用南极"做出了积极贡献。

为致敬我国首次南极科学考察 40 周年和长城站落成启用 39 周年，总结我国近年来在南极长城站周边地区的科研成果，评价该地区的生态环境变化，为长城站和长城国家野外站提供未来科学研究发展建议，特组织长期从事长城站周边地区科学考察的一线科研人员撰写本书，对我国长城站周边（菲尔德斯半岛、阿德利岛乃至南极半岛）与生态和生物资源利用相关的主要亮点研究成果进行总结。由于本书主要成果均来自国内科研人员，为区分同姓不同名的作者，本书中文献引用时采用姓氏全拼加名字首字母的方式进行了处理。

本书各章内容提供者分别为，第 1 章：丁明虎、王赛；第 2 章：谢周清、乐凡阁；第 3 章：姚轶锋、杨健、李金锋、李承森；第 4 章：谢周清、高月嵩、杨连娇；第 5 章：罗玮、李会荣、毕永红、任泽、张春梅、艾晓寒；第 6 章：那广水、张庆华、李瑞婧、李英明、高会、葛林科、蔡明红；第 7 章：彭方、张涛、王能飞；第 8 章：何剑锋、庞小平、曹叔楠、高志伟；第 9 章：史久新、何剑锋、罗光富；第 10 章：何剑锋、丁海涛、俞勇；附录：丁海涛、陈超、顾炎。在此对各位作者，特别是各章撰写组织者的支持表示衷心感谢！

本书相关研究成果的取得得到了长城站和长城国家野外站的大力支持，在此对国家极地考察主管部门——国家海洋局极地考察办公室，长城国家野外站主管部门——自然资源部科技发展司提供的指导，以及长城站管理和长城国家野外站依托单位——中国极地研究中心（中国极地研究所）提供的支持表示衷心感谢。

由于出版时间较为仓促以及对区域生态环境的理解有限，有错误和不足之处，敬请批评指正！

目　录

目　录

第 1 章

南极半岛气候变化

长城站所在的南极半岛及其邻近地区是南极升温最为显著的地区，呈现了较为明显的波动上升趋势。本章利用长城站建站以来获取的连续气象观测数据和国际共享数据，分析了南极半岛气温和降水的变化特征及其成因，并对近年来不断出现的极端天气气候事件及其形成原因进行了分析。

1.1 南极半岛气温变化

1.1.1 南极半岛气温变化特征

南极是全球气候变化的重要稳定器，其气候和大气环境变化对全球的天气气候及国民经济的可持续发展都会产生重要影响。在过去 40 多年中，南极地区近地面气温变化呈现出较强的区域性特征，暖异常信号主要出现在西南极和南极半岛，而东南极地区变化则不明显（Wang Y et al., 2019；丁明虎等，2023）。受大气、海洋和海冰相互作用的影响，南极半岛具有极强的气候敏感性，是整个南极地区变暖最为剧烈的地区，其变暖速率为全球平均变暖速率的 2 倍以上（Li X C et al., 2021；Yuan N M et al., 2015）。在近地面快速升温的影响下，南极半岛地表冰雪消融的日数呈现出显著增多的趋势（Xie A H et al., 2019）。南极半岛地面冰雪消融的增强导致了地面融水的增多，进而引起了地表反照率的降低，这会导致更多的太阳短波辐射被地表吸收（Zeng Z et al., 2022），进一步加速了冰雪的融化。这种向下短波辐射的增强，促进了南极半岛的冰川退缩和冰架崩解，对南极半岛的冰体和海洋生态系统产生了深远影响，并影响到全球气候变化和海平面上升。首先，冰川退缩和冰架崩解释放了大量的淡水，淡水入海降低了海水的温度和盐度，增加了海洋中营养盐，特别是铁元素的输入，进而影响海洋初级生产和生态系统。其次，冰川退缩和冰架崩解还会对全球气候变化和海平面上升产生重要影响，南极半岛的冰雪消融过程释放了大量的融水，融水入海导致全球海平面上升，威胁着沿海地区和岛屿国家的社会经济发展和生态系统完整性。

受自然变率驱动的年代际波动的影响，南极半岛的气温并非均匀升高。在 2000 年之前，南极洲近地面气温呈现出纬向不对称的特征，南极半岛和西南极洲快速升温，而东南极洲的气温变化不显著［图 1.1（a）］。这种气温变化趋势与过去 40 余年的趋势一致。然而，最新研究表明（Xin M et al., 2023a, 2023b），自 2000 年以来，南极的气温变化趋势发生了大范围的逆转，表现为南极半岛多个观测站升温减缓，而南极点却经历了快速升温的过程［图 1.1（b）］。这种趋势逆转表现出强烈的区域性和季节性变化特征：南极内陆的快速升温在南半球秋季最为明显，而南极西部和南极半岛的快速升温现象则在南半球夏季消失（Xin M et al., 2023b）。Zhang X 等（2023）的研究也指出，西南极冰盖区的气温变化趋势发生了逆转：1999—2018 年，西南极冰盖的年均地表气温呈现出明显的下降趋势，尤以南半球春季期间的降温趋势最为明显。

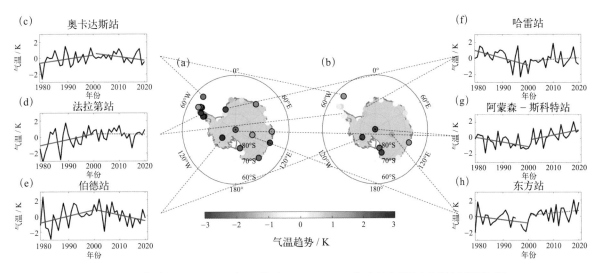

图 1.1　（a）1979—2000 年和（b）2001—2020 年南极考察站年平均近地面气温
趋势变化（Xin M et al., 2023b）

1.1.2　南极半岛气温变化成因

在南极半岛的气温变化中，除了温室气体增加引起的辐射强迫外，大气环流的变化也起着重要作用。阿蒙森海低压作为南极地区的一个关键大气环流系统，在过去的 40 年里不断加强，导致南极半岛呈现变暖趋势（Li X C et al., 2014）。阿蒙森海低压的强度变化是多种驱动因子共同作用的结果。一方面，阿蒙森海低压的强度增强与南半球环状模（SAM）的持续加强密切相关（Li X C et al., 2021）。SAM 的增强主要受平流层臭氧（O_3）减少和二氧化碳（CO_2）浓度增加的影响，而 SAM 的增强对应南极地区气压的负异常。环流异常并非均匀分布，最强的异常信号位于阿蒙森海地区，这导致位于阿蒙森海地区的低压系统强度不断增强。另外，热带－极地遥相关机制在阿蒙森海低压增强的过程中也扮演了重要角色（Li X C et al., 2015, 2014）。具体而言，热带太平洋和大西洋的年代际变异引起的热力变化产生了向极地传播的定常罗斯贝波波列，并最终影响到阿蒙森海低压的强度和南极洲的气候。这一机制涉及形成跨太平洋的罗斯贝波波导，而波导的形成需要亚热带急流达到一定的强度（Li X C et al., 2015）。夏季，亚热带急流太弱无法束缚罗斯贝波活动，导致热带－极地遥相关机制的失效。

最新的研究表明，南极地区气温趋势的逆转主要由南极半岛－威德尔海区域异常环流变化引起的热输送变化所致（Xin M et al., 2023a, 2023b）。在 2000 年之前，南极半岛－威德尔海区域存在一个异常高压中心，导致温暖空气从低纬度向西南极洲输送，冷空气从南极向毛德皇后地输送［图 1.2（a）］。在这种异常环流型的影响下，西南极地区和南极半岛经历了显著的增暖，而东南极地区的气温则呈下降趋势。但在 2000 年之后，南极半岛－威德尔海区域转变为异常低压中心，导致热力输送异常逆转［图 1.2（b）］。这种异常环流型抑制了西南极地区和南极半岛人为强迫驱动的变暖，因此，南极半岛的增温速率减缓。这个异常环流中心的形成在一定程度上由热带太平洋海温年代际变化引起的热力变化所强迫，同时也与纬向三波东移有关（Xin M et al., 2023a）。Zhang X 等（2023）也指出南极半岛气温趋势的转变与太平洋年代际振荡向负位相转变有关，表现为热带太平洋中部和东部海温的降低。海温变化导致在阿蒙森海地区出现气旋异常以及德雷克海峡和南极半岛北部的阻塞高压。这种环流配置加强了大陆西南极地区的寒冷南风，从而导致西南极大陆冰盖的降温趋势。夏季，由于亚热带急流太弱无法束缚罗斯贝波活动，热带－极地遥相关机制失效，南极地区的气温变化趋势的逆转可能与南极平流层臭氧恢复和大气内部变率的调整有关（Xin M et al., 2023b）。由于南极平流层臭氧的恢复，SAM 增强且其对南极半岛的影响被抑制。此外，在 21 世纪最初 10 年中，由于大气内部变率的作用，阿蒙森海低压位置相比之前更向东偏移，在此影响下，南极半岛的长城站观测到显著的降温趋势（Ding M H et al., 2020；林祥和卞林根，2017）。

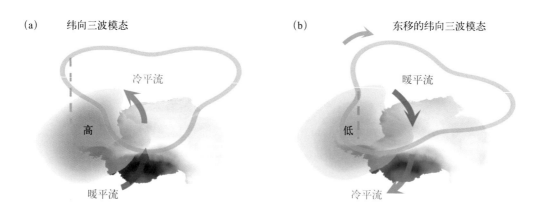

图 1.2 （a）2000 年前和（b）2000 年后南极半岛－威德尔海区域异常环流型逆转导致气温趋势逆转的机制示意图（Xin M et al., 2023a）

1.2 南极半岛降水变化

1.2.1 南极半岛降水变化特征

南极大陆绝大多数地区气温低于 0℃，主要的降水形式是雪。降水对南极冰盖物质平衡（SMB）有重要影响，进而可以调节全球海平面的变化。Wang Y 和 Xiao C（2023）通过将冰芯记录数据集与 5 个不同的再分析产品和 2 个区域气候模型的输出结合起来，重建了过去 310 a 南极冰盖（AIS）空间和时间完整的 SMB 序列。其研究发现，尽管不同地区重建的 SMB 趋势的符号和幅度变化很大，但在过去 310 a 中，整个南极冰盖的 SMB 呈现出显著的正趋势［每 10 年（3.6±0.8）Gt］，自 1801 年以来增长速度更大［图 1.3（b）］。在不考虑冰盖动力失衡的情况下，1901—2010 年间增加的 SMB 累积抵消了全球海平面上升约 14 mm［图 1.3（b）］。在这期间，

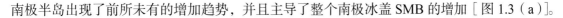

南极半岛出现了前所未有的增加趋势，并且主导了整个南极冰盖 SMB 的增加 [图 1.3（a）]。

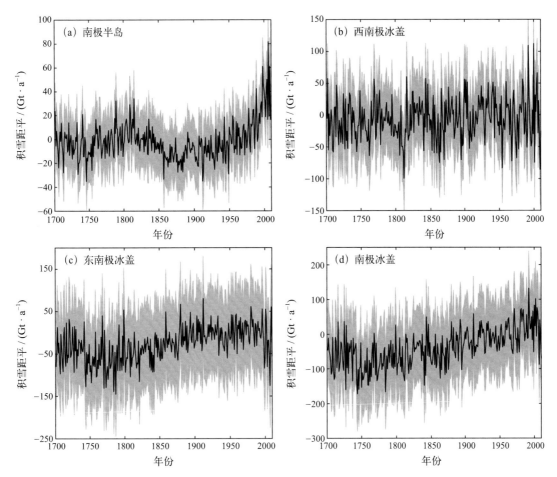

图 1.3 （a）南极半岛、（b）西南极冰盖、（c）东南极冰盖和（d）南极冰盖地区年平均表面物质平衡
1701—2010 年的时间序列（相对于 1801—1900 年的平均值）（Wang Y and Xiao C, 2023）
粗黑线为 1701—2010 年各年的平均值

　　与南极洲其他地区相比，南极半岛位于较低的纬度，气候较为温和，这为液态降水（降雨）的产生提供了有利的条件。与南极通常的固态降水（降雪）相比，液态降水对地表消融的作用有显著差异：固态降水的增多减缓了地面的消融，而液态降水的增多促进了地面消融。韩微等（2018）利用长城站 1985—2015 年的天气现象记录和日平均气温资料，分析了该站降水、降雨和降雪日数的长期气候特征及其变化趋势。结果表明：长城站降水日数较多，年总降水日数为 236 ~ 343 d，有增加的趋势，变化速率为 4.51 d /（10 a）；其中，降雨日数为 74 ~ 185 d，降雪日数为 157 ~ 282 d，增加的速率分别为 2.68 d /（10 a）和 1.25 d /（10 a）。此外，Ding M H 等（2020）发现，长城站的夏季降水在 2001 年后经历了年代际变化，长城站总降水量或降水天数在 2001 年前后并没有明显的变化，但不同相态的降水在 2001 年前后显示出相反的趋势：1985—2001 年，夏季的降雨天数增加，而降雪天数减少；2001—2014 年，降雨天数以 −14.13 d /（10 a）的速率显著减少，而降雪天数则以 14.31 d /（10 a）的速率显著增加。

1.2.2　南极半岛降水变化成因

南极半岛降水变化由多个因素共同驱动。Wang Y 和 Xiao C（2023）利用经验正交方程（EOF）提取了南极 SMB 的主要模态变化。研究发现，EOF1 和 EOF2 模态分别解释了重建 SMB 总变化的 38.0% 和 24.6%。EOF1 模态表现为西南极地区 SMB 变化的东西偶极子，其变化主要受到南半球环状模（SAM）变异的影响。EOF2 模态代表了整个南极半岛和西南极沿海地区的强信号，与 SAM 无关，但与厄尔尼诺 - 南方涛动（ENSO）在几十年尺度上有关。1901—2010 年，EOF1 模态和 EOF2 模态的位相变化都促使南极半岛 SMB 增加，导致该地 SMB 前所未有地增加。因此，南极半岛 SMB 在 1901—2010 年的异常增加除了可以归因于人为驱动（通过改变 SAM 相位）的影响外，也与热带太平洋海温的年代际变化密切相关。

不同相态的降水变化除了受总降水的变化影响，还受总降水转化为降雨或降雪的比例变化影响，后者主要受温度变化调节（Wang S et al., 2022a, 2021）。Wang S 等（2021）利用长城站 1985—2017 年的天气记录和 MAR-ERA-interim 数据进行研究，揭示出长城站不同相态降水的年际变化主要受总降水转化为降雨或降雪的比例变化的影响。具体而言，长城站降雨天数增多时，马尔维纳斯群岛上空出现异常型反气旋，而阿蒙森 - 别林斯高晋海出现异常气旋。受这一异常环流型的影响，更多的暖湿气流输送到南极半岛，导致温度升高，从而有利于更多的总降水转化为液态降水。此外，当降雪天数增多时，阿蒙森 - 别林斯高晋海出现异常气旋。这种异常环流型将干冷空气输送到南极半岛北部地区，导致温度的降低。在这种情况下，降水更多以降雪的形式出现。

最新研究表明，南极半岛不同相态降水的趋势变化也可归因于大气环流异常驱动的气温变化（Ding M H et al., 2020；韩微等，2018）。韩微等（2018）发现，长城站的年平均气温和降雨日数与总降水日数的比值（雨日比）呈显著正相关关系。尤其在增温速率较大的秋季，雨日比也显著增加（每 10 年增加 4.36%）。这意味着随着气温升高，长城站年降水日数中降雨日数所占的比重增加。秋季，阿蒙森低压向东移动有利于暖湿气流吹向南极半岛，并增加了降雨的发生概率。另外，长城站夏季降水在 2001 年开始更多地转化为降雪，这也是由阿蒙森海低压位置的变化所驱动的。在 21 世纪最初 10 年中，阿蒙森海低压的位置相比以前更向西偏移。在这种情况下，南极半岛出现了变冷的趋势，因而降雪天数显著增加（Ding M H et al., 2020；林祥和卞林根，2017）。

1.3　南极半岛极端天气气候事件

在过去的 10 年中，南极地区极端天气气候事件频发。例如，2020 年 2 月 6 日，南极半岛的埃斯佩兰萨考察站观测到 18.3℃的极端高温，创整个南极大陆有观测记录以来的最高纪录（Xu

M et al., 2021）；2022 年 3 月 18 日，南极冰穹 C（Dome C）观察到了前所未有的爆发性增温现象，观察站点监测的气温在短短 4 d 时间内增温幅度达到 40℃（Wang Y et al., 2023；丁明虎等，2022）。气候异常还体现在南极地区的海冰变化上。自 2016 年以来,南极地区海冰面积急剧减小,并在 2022 年 2 月 25 日减小了约 $80 \times 10^4 \, km^2$，低至 $192 \times 10^4 \, km^2$，创 1979 年有观测记录以来的最小纪录（丁明虎等，2023）。在此背景下，南极地区的冰冻圈和生态系统可能更容易受到极端气候异常的影响。因此，研究和了解引发南极地区极端天气气候事件的机制非常重要。

最新研究表明，南极半岛频发的极端天气气候事件通常与附近的大气阻塞活动有关（Wang S et al., 2022a, 2022b；Xu M et al., 2021）。Wang S 等（2022b）揭示了南半球夏季期间季节内和天气尺度大气环流异常对南极半岛极端温度事件的驱动作用。其中，季节内振荡引起的温度平流项对温度极端事件的形成和发展起到了最大的推动作用。天气尺度变化引起的温度平流项影响了极端温度事件峰值点附近的温度异常。研究表明，新西兰东南侧异常反气旋向下游频散的罗斯贝波能量先于南极半岛极端高温事件出现（图 1.4）。在上游罗斯贝波影响下，南极半岛西侧出现异常低压，东侧出现异常高压，并持续存在较长时间（3 d 以上）。在这一阻塞性环流异常的影响下，德雷克海峡盛行偏北风，这有利于将更多的暖湿气流输送到南极半岛，导致南极半岛持续性极端增温。南极半岛附近的阻塞环流型除了可诱发南极半岛的极端高温，也会引发持续性极端降雨（Wang S et al., 2022a）。在阻塞环流型驱动的异常西北气流影响下，来自低纬度的更多的暖湿气流被输送到南极半岛，导致总降水量增多。由于南极半岛地形的阻挡效应，降水的增多集中在南极半岛西部地区。夏季期间，南极半岛气候较为温和，有相当部分的降水以雨水的形态落下。尤其是在阻塞发生期间，南极半岛气温异常升高，这有利于更多的总降水转化为降雨。综上所述，新西兰东南侧的环流异常可作为夏季南极半岛极端气候事件发生的前兆信号。

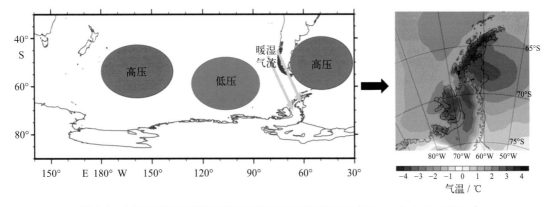

图 1.4　大气罗斯贝波引起南极半岛极端温度事件示意图（Wang S et al., 2022a）

受南极半岛显著变暖的影响，该地区的极端天气气候事件可能会更加频繁地发生。极端增温和降雨事件的增加会促进地表积雪的融化，加速南极半岛冰川和冰帽的消融。此外，极端天气事件的强度可能也会较以往增强。例如，2020 年 2 月 6 日，南极半岛埃斯佩兰萨考察站记录的气温达到了 18.3℃，这是南极大陆有观测记录以来的最高温度，Xu M 等（2021）基于 1973 年以来的站点观察数据和 ERA5 再分析数据分析了此次极端事件的形成原因。研究发现，这次极端高温事件的发生伴随着德雷克海峡地区阻塞高压的发展，阻塞将来自太平洋的温暖湿润空气带到南极半岛，在焚风效应的共同作用下，气温异常升高。

1.4 小结与展望

过去几十年来，南极半岛经历了剧烈的气候变暖，这导致了该地区环境和生物群落的剧变。近 10 年来，中国学者依托长城站观测数据，结合国际共享资料，对南极半岛气候变化特征和相关物理机制开展了系统研究，包括大气环流变化对南极半岛气温长期趋势变化和趋势逆转的重要驱动作用、大气环流异常对南极半岛降水变化的影响，以及罗斯贝波引发的阻塞环流型在南极半岛极端气温和降水中的重要作用等，并取得了一系列重大进展。研究结果表明，大气环流异常在不同时间尺度上驱动着南极半岛的气候变化。由于具有较高的气候敏感性，南极半岛在全球气候变化中扮演着放大器和前哨站的角色，因此，该地的气象监测对全球气候变化的研究具有重要参考价值。此外，南极半岛作为进入南极的跳板，包括我国在内的各国科学考察人员在此活动频繁。然而，此地频发的极端天气和短期气候预测能力的不足严重危及南极半岛各项活动的开展。因此，我们需要更好地发挥长城站在全球气候监测方面的独特优势，加强南极半岛短期气候的预测研究，以满足国家在南极考察、研究、保护和利用等方面的重大需求。建议未来重点开展如下工作。

1.4.1 升级气象自动观测设备和提高大气垂直观测能力

在全球变暖的背景下，南极半岛的天气气候异常变化日益明显，对生态环境的影响也越来越显著。因此，加强对南极半岛气候的监测工作，特别是依托长城站进行的天气观测工作变得更加重要。然而，长城站所在的乔治王岛常常遭遇大雾和冻雨，导致观测设备频繁受损，严重限制了长期持续观测的能力。尽管自 1984 年以来，几十名气象考察队员坚持不懈地进行观测，积累了包括气温、风速风向、气压、云量、能见度、天气现象、降水和辐射等各项数据，这些珍贵的数据为多学科研究做出了重要贡献，并使长城站成为南极地区具有代表性的国际站点。然而，这些数据的获取付出了极大的代价。近年来，为了减轻观测员的负担以及提高大气垂直观测能力，现场科学考察队员正在南极半岛进行多种设备的适用性试验。未来，需要逐步实现观测的自动化，并提升多学科研究的能力。

1.4.2　发展季节 - 次季节预报技术

南极半岛气候具有极端、多变的特点，提前预测和准确预警短期天气变化对于科学考察队员和小艇等海上科学考察支撑装备的安排至关重要。需加强南极半岛的天气和气候模型研发，提高短期气候预测的准确性和可靠性，并建立相关的天气预警系统，及时提供极端天气事件的预警信息。过去 10 年，中国学者深入研究了南极半岛极端天气和降水现象的发生和发展机制，并初步开发了该区域的次季节预报方法，获得了国际同行的认可。需注意的是，南极半岛的气候变异受多种物理过程的影响，特别是热带 - 极地遥相关作用在多个时间尺度上影响着南极半岛的气候变化特征。例如，在年际时间尺度上，厄尔尼诺 - 南方涛动（ENSO）对南半球高纬度的气候变化起着重要作用。厄尔尼诺事件期间，东太平洋暖海水引发的罗斯贝波传播到南美洲地区，导致阿蒙森海低压减弱（Li X C et al., 2021, 2015, 2014）。阿蒙森海低压的变化进一步影响南极地区的地表气温的变化。此外，在次季节尺度上，由马登 - 朱利安振荡激发的罗斯贝波波列（Yang C Y et al., 2020）可传播到南半球高纬度地区，并能够在几天至一周的时间内迅速影响南极半岛周边的大气环流变化和气温变化（Wang S et al., 2022a, 2022b）。下一步，为了提升对南极半岛的天气气候预报能力，需要综合考虑不同时间尺度波动的协同作用，揭示并监测不同时间尺度气候异常的前兆信号，结合遥感数据和再分析数据密切监测关键环流系统的变化，进一步发展季节 - 次季节预报技术，以提供更长期的预报信息支持长城站周边地区的科学考察活动。

1.4.3　评估自然变率对未来预估的影响

南极半岛的气候变化是人为强迫和自然变率共同作用的结果。为了更准确地预测南极半岛的气候变化，需要进行进一步的研究。一方面，需要深入研究南极地区，特别是南极半岛在未来全球变暖背景下对人为强迫的响应特征和相关机制。现有研究指出，臭氧损耗引起的南半球环状模的增强在驱动南极地区气候变化方面起着关键作用。随着臭氧含量的恢复，对于在温室气体增加的影响下南半球环状模的变化以及南极地区气候变化的响应，还需要进一步研究。另一方面，南极地区气温趋势逆转表明南极气候系统存在重要的年代际波动，这种波动可能对南极洲的生态系统、海洋循环和全球海平面变化产生重要影响，甚至可以在短期内逆转长期趋势。因此，需要进一步研究南极半岛年代际变化的形成机制，并评估它们对未来气候变化的影响。当前的研究表明，热带大西洋和太平洋海温年代际变化驱动的罗斯贝波在南极局地气候变化中起着重要作用。还需要进一步研究其他地区，例如，热带印度洋海温的年代际变化是否会影响南极气候变化。此外，热带以外地区，如南大洋的海温变化在南极未来气候演变过程中扮演的角色及其影响机制也需要进一步研究。这些相关研究对于我们理解和预测未来南极气候变化至关重要。

第2章

南极菲尔德斯半岛及毗邻地区大气化学环境

南极季节性苔原冻土在碳、硫等物质循环过程中发挥着重要作用，而海 – 冰 – 气交互作用等深刻影响了极地大气环境。本章依托菲尔德斯半岛苔原地区的观测和模拟实验，分析了苔原二氧化碳等温室气体和硫化物排放状况及企鹅等动物对其排放的影响，苔原大气汞特征及海 – 冰 – 气过程对大气汞形态和分布的影响、大气气溶胶理化特征及影响因素，以及大气传统持久性有机污染物变化特征及成因。

2.1 南极菲尔德斯半岛苔原温室气体

自工业革命以来，二氧化碳（CO_2）、甲烷（CH_4）和一氧化二氮（N_2O）等温室气体排放的快速增加驱动了全球气候变暖。而南极是气候变化的敏感区域，据统计，1958—2010 年，南极中西部地区年气温升高（2.4 ± 1.2）℃，成为全球变暖最快的地区之一。快速变暖将导致极地地区永久冻土融化，影响极地冻土环境下的植被生长和土壤结构稳定性，导致土壤微生物数量、活性和活动层厚度发生显著变化，冻土中所束缚的大量有机质释放，继而促进 CH_4、N_2O 等温室气体的排放。南极的季节性苔原冻土在能量交换、碳氮等物质循环过程中发挥着重要作用，对全球气候变化的响应和反馈较为敏感。因此，开展极地苔原温室气体源汇过程及其对全球气候变化的响应研究是当前地球科学研究的热点。

南极菲尔德斯半岛拥有广大的苔原覆盖区域，是研究南极苔原环境温室气体排放的理想场所。早在 1999 年，我国学者就针对菲尔德斯半岛苔原冻土的 CH_4、N_2O 和 CO_2 等典型温室气体率先开展了观测研究（Sun L G et al., 2000a, 2002），并持续观测至今。在南极苔原冻土环境，研究人员在菲尔德斯半岛及阿德利岛模拟了紫外辐射减少对南极冻土带 N_2O 和 CH_4 通量的潜在影响，发现紫外辐射的减少可显著增加南极苔原 N_2O 和 CH_4 的排放量（Bao T et al., 2018）。对夏季南极苔原沼泽与高地苔原 N_2O、CH_4 和 CO_2 通量的观测显示出不同地区排放的差异性：干旱沼泽区的 N_2O 排放高于湿润地区，而积水沼泽区的土壤则吸收 N_2O；高地苔原和干旱沼泽区的土壤吸收 CH_4 和 CO_2，而积水沼泽区则排放 CH_4（Zhu R B et al., 2014）。

冰川消退为海洋动物开辟了新的栖息地，我国学者开展了一系列相关研究。通过研究冰川退缩和企鹅活动对位于南乔治亚岛的全球最大的王企鹅群落中温室气体通量的综合影响，发现了在退缩冰川前缘的土壤养分含量增加的同时，CO_2 的产量和 CH_4 的消耗率增加，在企鹅活动和企鹅粪便沉积增加的区域，CO_2 的产量增加了 4 ~ 16 倍，而 CH_4 的消耗减少了约一半，N_2O 的产量在企鹅活动最为活跃的地区增加了约 120 倍（Wang P Y et al., 2020）。探究了南乔治亚岛上动物群落对 N_2O 和 CH_4 排放的影响，发现与缺乏海洋动物群落的苔原相比，存在海洋动物群落的苔原是显著的 NO_2 和 CH_4 排放源，高 N_2O 和 CH_4 排放量受到与动物活动相关的土壤物化过程的调节，海洋动物的氮输入是控制 N_2O 通量空间变化的主要因素，缺乏海洋动物群落的苔原地区则表现出高 CH_4 吸收，证实了海洋动物群落是南极 N_2O 和 CH_4 排放的潜在热点（Zhu R B et al., 2013）。量化了在南乔治亚岛海豹和企鹅群落中温室气体的通量，结果表明，生物群落内的土壤释放 CO_2、CH_4 和 NO_2，可以延伸至群落附近的区域，生物群落内 CO_2 排放量很高，而远离群落的区域 N_2O 的排放量显著下降，甚至接近 0（Wang P Y et al., 2019）。

最近，我国学者又对菲尔德斯半岛附近采集的土壤样品开展了系列孵育实验，对不同类型土壤的卤代甲烷排放及其调控因素进行了探究，发现总体上南极苔原土壤是氯甲烷（CH_3Cl）和甲基溴（CH_3Br）的净汇，而存在于苔原土壤的企鹅或海豹粪便可促进 CH_3Cl 和 CH_3Br 的产生，减小净汇作用。CH_3Cl 和 CH_3Br 的消耗主要由微生物介导，而产生则由非生物介导。土壤温度升高可促进苔原土壤对 CH_3Cl 和 CH_3Br 的消耗，表明区域碳汇可能随着南极变暖而增加，这取决于土壤湿度和非生物生产速率的变化（Zhang W Y et al., 2020）。此外，研究人员在菲尔德斯半岛开展了南极苔原 - 大气三氯甲烷（$CHCl_3$）交换通量的原位观测，并开展了一系列实验室模拟培养实验（图 2.1），评估结果显示，南极苔原每年向大气中排放约 100 t $CHCl_3$，是重要的 $CHCl_3$ 区域性排放源，而企鹅活动则促进了土壤微生物活动介导的 $CHCl_3$ 产生过程（Zhang W Y et al., 2021）。

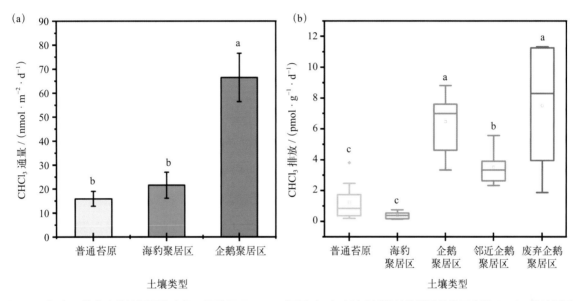

图 2.1 （a）野外静态箱法测量的南极不同苔原区 $CHCl_3$ 通量；（b）实验室模拟培养测量的苔原土壤 $CHCl_3$ 排放通量
图内 a、b、c 代表均值差的显著性，不同字母指示两者具有显著性差异，相同字母指示两者无显著性差异

2.2　南极菲尔德斯半岛大气生源气体及气溶胶

气溶胶一般是指由固体或液体颗粒分散在气体介质中形成的相对稳定的胶体悬浮体系，又称气体分散体系。其空气动力学直径范围一般为 0.001 ~ 100 μm。南极地区是全球气候变化的敏感区域，而大气气溶胶的生成、传输在南极的气候调控过程中可能扮演着十分重要的角色。一方面，南极气溶胶可以在大气、海冰以及积雪表面反射、散射或者吸收太阳辐射，并影响南极地区的冰雪反照率，直接改变地表的太阳能量收支；另一方面，部分气溶胶组分可形成云凝结核或冰核，影响云的生成及性质，继而间接影响地表能量收支，最终对南极乃至全球气候产生调控作用。在目前对全球辐射强迫的估计中，气溶胶 - 辐射和气溶胶 - 云的相互作用是最不确定的参数。而在以南极为典型代表的地球原始偏远地区的观测可以增进对工业化前气溶胶组分和物理化学过程的深入了解，对减少这种不确定性至关重要。但目前对南极气溶胶的理化性质、

来源及过程仍缺乏足够了解，亟须大量的观测研究来完善南极气溶胶的基础理论，为进一步评估其气候效应提供理论支撑。

南极菲尔德斯半岛是乔治王岛上最大的无冰区，兼具冰雪覆盖、苔原、海洋及企鹅聚集等南极特有的生态地理环境，非常适合探究南极环境对气溶胶化学过程的影响。早在 2002 年，我国学者便在菲尔德斯半岛附近开展了大气生源气体及气溶胶研究。从南极半岛的一个岛屿上收集新鲜企鹅粪便样本，并在新鲜企鹅粪便释放的大量有机化合物中发现了二甲基三硫化物（DMTS）、二甲基四硫化物（DMTTS）和二甲基五硫化物（DMPS）。这些含硫化合物占排放气体的 13.5% 之多，成为大气重要的硫排放源。通过结合南极其他站点气溶胶观测数据及后续评估，发现在大型企鹅群落的下风区域，每只企鹅排放的硫可高达 5.5×10^{-5} nmol/m^3，这种非二甲基硫化物（DMS）来源的硫占这些地区非海盐（nss）硫总量的 5% ~ 15%。如此高的贡献可能会显著影响南极区域的大气硫收支（Xie Z Q et al., 2002）。该研究基于南极菲尔德斯半岛这一典型南极生源排放区域的观测，揭示了南极特殊的地理、水文及生态环境对大气气溶胶化学过程的重要影响。

近 10 年来，我国科学家基于站基及船基走航观测，对包括菲尔德斯半岛在内的南极地区开展了广泛的调查观测。研究发现，当传输气团经过南极菲尔德斯半岛附近时，气溶胶典型生源组分甲基磺酸（MSA）及非海盐硫酸盐（nss-SO$_4^{2-}$）浓度会显著升高，进一步指示了菲尔德斯半岛生源气体排放对含硫气溶胶组分的重要影响（Xu G J et al., 2021）。类似现象也发现于南极边缘海，基于船基走航观测发现南极边缘海海冰融化和浮游植物的发育也会促使 MSA 形成（Wang S S et al., 2021）。除了一次生源排放的影响，含硫组分的形态、反应路径、传输对含硫气溶胶浓度的影响也不容忽视。如发现南极边缘海域气态 MSA 被显著低估，强调了气态 MSA 在评估大气中生源硫贡献方面的重要性（Yan J P et al., 2019）；发现均相反应是南极硫酸根（SO$_4^{2-}$）和硝酸根（NO$_3^-$）气溶胶生成的主要路径，且均相反应和非均相反应共同促进了南大洋气溶胶中 MSA 的形成（Wang S S et al., 2021）；对南极有机硫酸酯（OSs）组分的分析发现，OSs 经历了高度氧化，可能是由于夏季增强的光化学氧化过程或在运输到极地地区的过程中持续氧化的综合影响，并强调了气团长距离传输和人为排放对极地地区的显著影响（Ye Y Q et al., 2021）。

但对菲尔德斯半岛附近的异戊二烯及单萜烯氧化产物等典型生源气溶胶组分的观测显示，其相应浓度相比南极其他地区并没有明显升高（Hu Q H et al., 2013b）。此外，发现气团的水平平流可能会造成大气硫酸盐的浓度与 DMS 排放的不一致，且生物暴露计算结果也表明，海洋生物量与大气 MSA 之间的直接关系并不明显（Zhang M M et al., 2021）。这表明，除了一次生源排放影响，实际环境条件（大气氧化性、气象因素、初级生产力等）对南极生源气溶胶的二次生成过程的影响更为复杂，仍需要开展更广泛的探究。近期，我国学者对菲尔德斯半岛附近区域开展的生源有机气溶胶观测显示，糖醇（指示真菌孢子）和生源二次有机气溶胶（SOA）示踪剂的质量浓度均呈现季节性变化，夏季平均质量浓度（90.7 pg/m³ 和 122 pg/m³）高于冬季（8.88 pg/m³ 和 57.2 pg/m³）。用示踪剂估算真菌孢子有机碳（OC）、异戊二烯衍生的二次有机碳（SOC）和单萜烯衍生的 SOC 的相对贡献分别为 26.2%、55.6% 和 18.2%，异戊二烯 SOA 具有更高的有机碳质组分的贡献比。在此基础上，基于全球模式模拟的生源 SOA 的空间分布特征也表明，受垂直大气输送的影响，东南极的生源 SOA 含量比西南极的丰富（Deng J J et al., 2021）。

2.3　南极菲尔德斯半岛大气污染物的迁移转化

南极地区是地球上远离人类活动区的最后一片"净土"，但就像地球上的其他偏远地区一样，由于人类活动及排放的增加，它也未能摆脱一些长寿命的环境污染物随大气、洋流输入的影响。如大气气态单质汞［GEM 或 Hg(0)］在大气中的寿命可达 1 a，可随大气环流在全球范围内运输，并到达南极地区。随后大气汞经沉降进入水体，并经过甲基化过程后进入水生食物链，通过富集、放大作用危害水体生态环境。与汞类似，持久性有机污染物（POPs）作为一类高环境寿命污染物，也可以通过大气传输、沉降以及海洋再排放的"蚱蜢跳"过程进入极地，对极地生态环境造成危害。此外，南极苔原、高原及海冰等特殊的地理、水文环境对汞和 POPs 等污染物的循环过程也有重要影响，例如，极地春季海冰界面的非均相光化学过程会产生大量的卤素自由基，继而导致大气汞的显著氧化沉降，又称为大气汞亏损事件（AMDEs）。在当前气候变化背景下，南极海冰覆盖等水文环境正在经历着深刻的变化，对极地大气污染物的排放、迁移和转化都可能有重要影响。因此，对南极地区大气汞、POPs 等污染物开展现场观测研究，对进一步评估其在南极的生态环境效应、了解极地气候变化对其循环过程的影响至关重要。

南极菲尔德斯半岛及其毗邻区域是重要的企鹅聚居地，也是南极洲最靠近人类居住大陆的区域。因此，菲尔德斯半岛是进一步了解人为排放及传输对南极污染物迁移转化的影响、评估南极企鹅等生态环境对污染物的暴露风险的理想研究区域。针对汞污染研究，我国科学家在长城站开展了大气气态汞同位素研究，以同位素手段来指示表征汞来源及过程，发现与北极冻土地带和北半球低纬度地区不同，菲尔德斯半岛地区总气态汞中表征质量相关分馏的同位素特征值 $\delta^{202}Hg$ 偏正（0.58‰ ± 0.21‰），表征非质量相关分馏的同位素特征值 $\Delta^{199}Hg$ 偏负（−0.30‰ ± 0.10‰），表明南极植被 − 空气交换过程对大气汞的影响较小。总气态汞 $\Delta^{199}Hg$ 与气温和臭氧浓度的相关性表明，冬季来自南极内陆的大气气态汞可随下降风输送到南极沿岸（Yu B et al., 2021）。实际上，近年来更多研究表明，这一过程在南极夏季也会发生。Li C J 等（2020）对南极中山站的颗粒态汞及其同位素的全年观测发现，夏季内陆下降风驱动的氧化态汞输送对沿岸大气颗粒汞具有较高贡献。此外，夏季菲尔德斯半岛周边海冰动力学控制的海洋汞排放对大气气态汞浓度及同位素特征也有重要影响（Yu B et al., 2021）。为了进一步评估南极特殊水文环境对大气汞循环过程的影响，我国学者系统地评估了南极沿岸地区、海冰区及开阔海域等不同地表类型下大气汞的形态特征，发现夏季南极海洋边界层大气汞具有明显的空间分布差异。南极大陆沿岸较高的大气氧化性可导致大气 GEM 显著的氧化，在下降风传输下成为南极边缘海气态氧化态汞（GOM）的重要来源。在海冰区，显著的海盐气溶胶摄取作用会使生成的 GOM 被快速清除，成为南极海冰区大气汞输入海洋的重要方式。在开阔海域，一年生海冰的季节性融化以及更显著的海盐摄取作用导致该地区 GOM 浓度最低（Yue F G et al., 2021）。研究还发现，受南极地形影响，内陆平缓地区（距海岸 290 ~ 800 km）GEM 浓度值要高于陡坡区（距海岸 800 ~ 1000 km）。此外，GEM 的氧化、雪中气态汞的再释放以及混合层的对流过程导致南极内陆高原出现 GEM 浓度午夜最低而正午最高的明显日变化特征（Wang J C et al., 2016）。

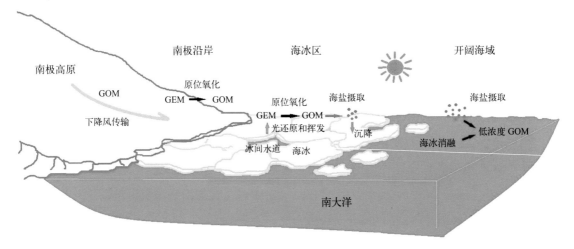

图 2.2　南极不同水文环境（沿岸地区、海冰区、开阔海域）大气气态汞的迁移转化过程示意图
GEM：气态单质汞；GOM：气态氧化态汞

针对 POPs 的污染调查研究，我国学者在南极菲尔德斯半岛开展了大气 POPs 和新污染物的时空演变趋势和污染特征的观测研究，结果表明，2011 年以来，南极大气中典型 POPs 如多氯联苯（PCBs）浓度出现下降趋势，然而有机氯农药（OCPs）和多溴联苯醚（PBDEs）的变化趋势并不明显，新卤代阻燃剂类污染物如有机磷酸酯（OPEs）、新型溴代阻燃剂（NBFRs）、多氯萘（PCNs）和氯化石蜡（CPs）的浓度则整体呈上升趋势，且主要单体与其世界范围内的使用量呈相关性（Wang C et al., 2020；Zhao J P et al., 2020；Gebru T B et al., 2024）。而且，南极地区大气 CPs 在颗粒相中所占比例随时间推移整体呈上升趋势。这可能是因为在 CPs 相关工业品的产业结构调整下，短链氯化石蜡（SCCPs）的使用逐渐受到限制，作为其替代品的中链氯化石蜡（MCCPs）生产使用规模不断增加，而长碳链单体吸附性更强，易结合气溶胶颗粒相（Jiang L et al., 2021）。在南极菲尔德斯半岛监测到主要由前体物转化而来的新有机磷酸酯——磷酸三（2，4- 二叔丁基苯基）酯（TDtBPP），警示在关注污染物时需考虑其大气转化过程（Liu Q F et al., 2023）。对 2013—2019 年夏季的多环芳烃的长期观测表明，空气中的总多环芳烃浓度呈下降趋势，南极西部大气颗粒态中多环芳烃浓度与温度之间存在着显著相关性，而当地科学考察站的活动和交通等因素，是气态多环芳烃的主要来源（Na G S et al., 2020）。发现 PCBs、高氯环己烷、滴滴涕（DDT）和林丹（γ - 六氯环己烷）在 2011—2017 年间均呈随时间递减趋势，当实施相应的管控措施后，环境再释放等过程也发挥了不可忽视的作用（Hao Y F et al., 2019）。研究揭示了南极菲尔德斯半岛 OPEs 的大气 - 海水赋存情况及海 - 气交换通量，其中以塔斯曼海的海 - 气交换过程最为显著，并提出塔斯曼海是低纬度地区向高纬度地区传输 OPEs 的重要通道（Li R J et al., 2023）。利用单体氯同位素分析 POPs 来源，发现 PCBs 等传统 POPs 的环境特征与典型源排放特征有较大差别，且体现出较强的单体氯同位素分馏效应，反映了大气长距离传输作用的影响。然而，新型卤代阻燃剂类 POPs 中部分单体浓度水平较高，且变化趋势与温度呈相关性，表明其来源与本地环境密切相关（Wang P et al., 2023）。上述南极 POPs 长期趋势及来源研究为评估《关于持久性有机污染物的斯德哥尔摩公约》（以下简称《斯德哥尔摩公约》）的实施效果和揭示新有机污染物的长距离传输行为提供了重要的科学依据。

此外，研究揭示了几类新有机污染物与传统 POPs 在南极菲尔德斯半岛周边环境中的食物链传输规律。在南极菲尔德斯半岛采集了藻类、帽贝、骨螺、革首南极鱼（*Notothenia coriiceps*）等典型食物链样品，并结合花斑鹱、企鹅等鸟类羽毛样品，率先开展了对 SCCPs、得克隆（DP）及其衍生物、PCNs、全氟和多氟烷基化合物（PFASs）、有机磷酸酯（OPEs）等新有机污染物的赋存和营养级传递等原创性研究。多数传统 POPs 和新有机污染物呈现营养级放大趋势。首次报道了南极食物链中这些新污染物的普遍赋存，发现其在偏远生态系统中浓度高于 PCBs、PBDEs 等传统 POPs，表明新污染物已成为极地区域 POPs 污染的主要贡献者，为国家履约提供了重要科学依据（Li H J et al., 2016；Sun H Z et al., 2020；Fu J et al., 2021；Dong C et al., 2023）。

2.4　小结与展望

自工业革命以来，随着人类活动及相应人为排放的加剧，全球大气温室气体的总体水平显著升高，加剧了温室效应。此外，人类活动对全球大气气溶胶的浓度和总量也有着极为重要的影响，气溶胶对地表太阳辐射能量收支的影响成为全球气候变化最不确定的因素之一。除气候相关大气环境化学组分，人类活动也导致汞、POPs 等大气环境污染物含量的激增。南极地区是目前受人类活动影响最小的一片"净土"，是研究气候及环境相关大气环境化学组分自然过程的理想场所，南极苔原、冻土、海冰等特殊地理环境对大气环境化学过程的影响也值得关注。此外，南极地区不仅是全球气候变化的敏感地区，也是环境污染的敏感区域。人类活动导致的大气温室气体、气溶胶以及污染物的增长对南极冰川、苔原等环境有着怎样的影响及反馈也是当前地球科学研究的热点。基于以上研究背景及科学问题，近10年来，我国学者依托历次中国南极科学考察，在南极菲尔德斯半岛及其周边地区，以及南极边缘海地区开展了大气气溶胶、温室气体及污染物等关键大气环境化学组分的系列站点和走航观测，并深入探究了其来源、转化特征及影响因素，不仅为全球气候变化背景下南极大气气溶胶、温室气体及污染物的循环过程提供了新的认识，也为模式进一步准确评估南极温室气体及气溶胶的辐射强迫，以及进一步评估污染物在南极的生态环境效应提供了关键基础数据与约束条件，对全球气候变化的预测、调控以及全球性污染物的危害预防及治理具有重要意义。

鉴于极地大气环境化学研究的重要性及前沿性，建议依托长城国家野外站等国家级平台，未来重点开展如下有关南极大气环境化学组分的观测研究。

2.4.1 多组分协同观测，解析大气环境化学组分的化学过程

由于大气环境化学组分间具有紧密的联系（前体物－反应物－生成物），未来可进一步深化合作，拓宽观测物种的范围，开展大气环境化学多组分的协同观测，从而为全面解析大气环境化学组分的化学过程提供更多的关键数据。

2.4.2 进一步优化观测环境，深入了解不同大气环境化学特征

以南极长城站为基础，加强南极中山站等其他考察站点的协同观测。同时，考虑到海－气相互作用，进一步整合"雪龙"号和"雪龙2"号科学考察船的走航观测，形成南极大气环境化学的观测网，获取系统观测数据，支撑对南极不同大气环境化学特征的深入认知。

第3章

南极菲尔德斯半岛
陆地植被与环境变化

南极的陆地植被生态系统脆弱，很容易受气候变化和人类活动等外界因素的影响，是环境变化监测的重要生物指标。我国在长城站附近的菲尔德斯半岛和阿德利岛共建立了 13 个固定样方，开展长期的植被变化监测，对植被重点保护区域的植物种类组成进行了系统调查，并利用植被光谱特征分析等手段，开展了该地区植被健康度评估。

3.1 南极地衣与环境监测

3.1.1 南极地衣在环境监测中的应用

地衣是由藻类与真菌形成的共生体，按照生长型可分为壳状地衣、叶状地衣和枝状地衣。地衣环境适应能力强，有着顽强的生命力，常作为先锋植物存在于高寒苔原和极地地区。地衣对环境因素，特别是对污染物敏感，是环境变化的天然监测指标。地衣生长极其缓慢，寿命相对较长，也可用于研究景观、地震、冰川和考古遗迹的年代测定。

刘华杰等（2010）对南极菲尔德斯半岛 5 种优势地衣：王橙衣（*Caloplaca regalis*）、夹心果衣（*Himantormia lugubris*）、孔树花（*Ramalina terebrata*）、球粉衣（*Sphaerophorus globosus*）和簇花石萝（*Usnea aurantiacoatra*）的重金属富集能力进行了研究，将样品悬于室外接受大气沉降两个月后，检测其对钴（Co）、铬（Cr）、铅（Pb）和铜（Cu）的富集能力。结果表明，5 种地衣均表现出了对重金属的富集能力，其中，簇花石萝和夹心果衣组合是监测大气沉降 Co、Cr、Cu 和 Pb 元素的首选载体，而夹心果衣则是单独监测大气沉降中 Co、Pb 和 Cu 的首选载体。Lim H S（2009）对韩国世宗站附近簇花石萝的研究同样显示，样品中重金属含量较高，Pb 尤为显著。

3.1.2 南极地衣在年代学上的研究

地衣测年学以壳状地衣为主，很少采用枝状地衣。而南极枝状地衣属于优势类群，是监测南极环境的重要载体。与壳状地衣和叶状地衣相比，枝状地衣的生长速率不易在野外测量。

我国学者对采自菲尔德斯半岛的枝状地衣——簇花石萝样品（图 3.1）进行 ^{14}C 年代学测定。取植株顶端（样品 A，图 3.2）和底端（样品 B，图 3.3），通过 ^{14}C 年代学方法测得顶部年龄为 2006—2007 年，底部年龄为 1993—1996 年，根据植株长度和年龄计算其生长速率为 4.3 ~ 5.5 mm/a，远高于南极石萝（*Usnea antarctica*）（0.4 ~ 1.1 mm/a）。

在两极地区，壳状地衣的生长速率通常小于 1 mm/a，而枝状地衣则通常大于 2 mm/a。1969—2010 年，菲尔德斯半岛记录了明显的变暖趋势：夏季的平均气温从 0.95℃升高到 1.4℃，冬季的平均气温从 −6.75℃升高到 −5.5℃，而年均气温则从 −2.75℃升高到 −1.9℃。这种显著的气候和环境变化会明显影响菲尔德斯半岛枝状地衣的生长速率，该生长速率可作为环境监测的天然生物学指标。

图 3.1　菲尔德斯半岛枝状地衣采样点示意图（Li Y et al., 2014）

图 3.2　簇花石萝样品顶部的采样位置（样品 A）（Li Y et al., 2014）

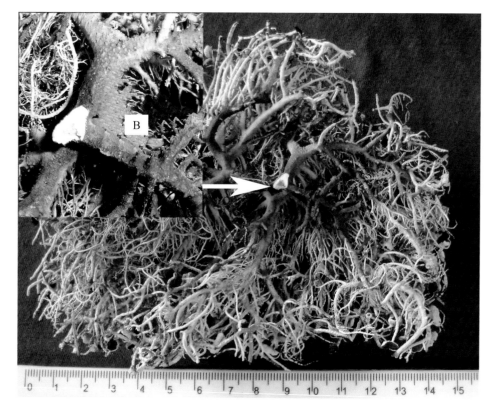

图 3.3 簇花石萝样品底部的采样位置（样品 B）（Li Y et al., 2014）

3.2 南极菲尔德斯半岛植被丰度和健康状况

3.2.1 南极菲尔德斯半岛不同植被类型分布

菲尔德斯半岛具有非常独特和脆弱的陆地生态系统。苔藓和地衣在植被生态系统中占主导地位，一般成斑块状分布：在干燥和多岩石的地区，地衣占主导地位；而在较潮湿的地区，苔藓占主导地位。此外，菲尔德斯半岛地区目前仅零星分布一种维管植物——南极发草（*Deschampsia antarctica*）。南极半岛的升温增加了无冰区的温度和水供应，这些变化相对于南极其他地区更为显著，植被呈现出更为复杂和异质的反应，其模式引起了各界的高度关注。

传统的南极植被制图主要基于实地调查，但相关调查极其耗时，极大地限制了调查的区域面积和范围。此外，频繁的人类活动也可能对缓慢生长的极地植被造成不可逆的破坏。遥感技术的发展为南极植被的定期大规模观测提供了可能，但采用常规方法处理图像会存在一些困难。使用归一化差异植被指数（NDVI）和陆地卫星图像中的匹配滤波（MF）方法可以反映南极植被的分布，但无法确定 NDVI 值与植被类型之间的模式，并且不同卫星的不同传感器提供的 NDVI 值对于相同的植被类别并不相同。更麻烦的是，由于极地植被群落通常非常小，10 m 空间分辨率的像素通常包括植物、岩石、土壤和雪背景的混合，导致分类结果往往不佳，需要在数据处理方法上有所突破。

3.2.2　南极菲尔德斯半岛的植被丰度和健康度评估

为了便于南极植被的动态监测，Sun X H 等（2021）评估了超高分辨率（VHR）遥感卫星图像用于植被丰度估计和苔藓健康监测的能力。

Sun X H 等（2021）根据菲尔德斯半岛 32 个典型植被点（图 3.4）的植被丰度和光谱特征，从 2018 年 3 月 23 日和 2019 年 2 月 19 日采集的 WorldView-2 卫星图像中提取植被信息。首先，探讨了线性和非线性光谱混合分析法（SMA）模型在基于 WorldView-2 图像的苔藓和地衣丰度映射中的性能，将线性模型和非线性模型的结果与南极典型植被区实地调查中收集的地面实况样本进行了比较。然后，新开发了一组特别针对南极植被区的修正 Nascimento 模型（MNM-AVs），通过考虑植被和背景之间的二次散射分量来修正非线性系数，提高评估精度。最后，基于WorldView-2 图像，应用最佳 MNM-AVs 生成苔藓和地衣的丰度图，以及整个研究区域的苔藓健康状况，研究分析了模型的性能和连续两年苔藓健康状况的变化。

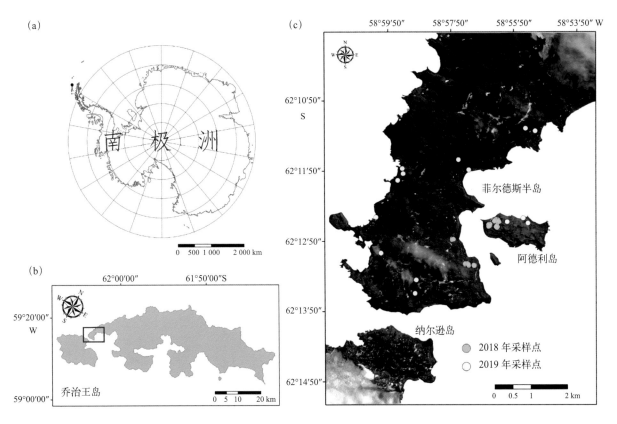

图 3.4　菲尔德斯半岛 32 个典型植被点示意图（Sun X H et al., 2021）

（a）红色区域为南极半岛南设得兰群岛，黑点为乔治王岛所在位置；（b）长方框区域为菲尔德斯半岛

最终，利用南极植被区修正模型 MNM-AVs，引入了植被及其背景的二次散射分量，以解释植被覆盖的稀疏性，并重新分配了它们的系数。其结果表明，该模型的预测准确性较高，其中 3 号模型（MNM-AV3）对苔藓（地衣）丰度估计的误差最小，其均方根误差 $RMSE = 0.202$（0.213）。与 MNM-AVs 相比，线性模型对地衣丰度的估计性能尤其差（$RMSE = 0.322$），这与苔藓的情况（$RMSE = 0.0212$）相反，这表明地衣的光谱信号更容易与其背景混淆。最终，基于 MNM-AV3 获得了苔藓和地衣的丰度图（图 3.5）以及整个研究区域的苔藓健康状况图（图 3.6），其总体准确率约为 80%。菲尔德斯半岛和阿德利岛的苔藓面积分别为 0.7695 km² 和 0.3259 km²，其中，2018 年夏天不健康的苔藓占总研究区域的 40%，而在 2019 年为 49%。该结果表明，随着气候的变化，菲尔德斯半岛的苔藓群落正经历不可忽视的环境压力。

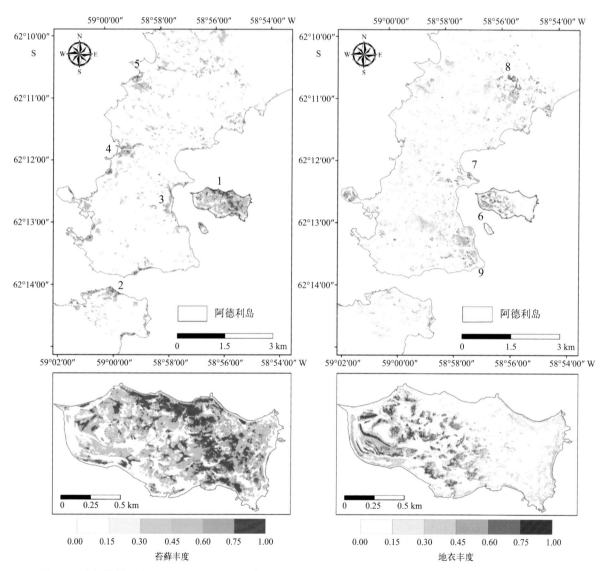

图 3.5　南极植被区修正 Nascimento 模型（MNM-AV3）（最佳）估算的苔藓（左）和地衣（右）植被丰度

（Sun X H et al., 2021）

1 ~ 5 为苔藓丰度较高区域；6 ~ 9 为地衣丰度较高区域

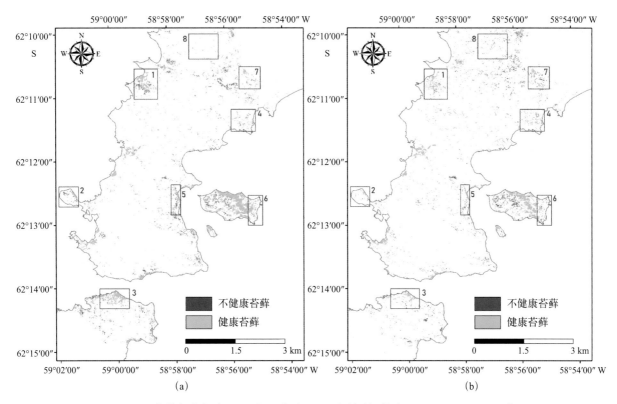

图 3.6 苔藓类群（a）2018 年和（b）2019 年健康评估（Sun X H et al., 2021）

蓝色方框区域为苔藓生长状态发生显著变化的区域

3.3 南极菲尔德斯半岛陆地植被样方长期观测

3.3.1 南极发草

南极发草隶属于禾本科，是南极洲两种原生维管植物之一，主要分布在南极半岛和斯科舍岛弧。南极发草是一种多年生草本植物，通常生长在沿海地区。它可以耐受恶劣的环境条件，如极端低温、低土壤水分、低营养和高盐。南极发草最有利的生长条件是湿润环境以及鸟类和海豹活动场所附近相对肥沃的区域（Cannone N et al., 2016）。它经常生长在苔藓占主导的群落中，尤其是三洋藓占主导的群落（Kozeretska I A et al., 2010）。此外，在前人的研究（Gerighausen U et al., 2003；Torres-Mellado G A et al., 2011）和我国科研人员的现场考察中都发现，南极发草也经常生长在裸地上。

在过去的 50 年中，南极半岛的升温非常明显。近年来，南极发草和南极漆姑草（*Colobanthus quitensis*）的相关研究受到了高度关注，它们的种群大小迅速增加以及在新的区域出现被认为是对区域变暖导致更暖和更长生长季节的响应。控制实验也证实，这两个物种对升温都有正反馈响应，随着气候变暖，地上生物量、生长速率、水分利用效率以及花和种子产量都有所增加。因此，这两种维管植物被认为是西南极地区［例如，南奥克尼群岛的西格尼岛、南设得兰群岛的乔治王岛菲尔德斯半岛（Gerighausen U et al., 2003；Peter H U et al., 2008；Torres-Mellado G A et al., 2011），以及阿根廷群岛（Parnikoza I et al., 2009）等〕气候变暖的良好生物指标。

3.3.2 南极菲尔德斯半岛植被样方的建立

  菲尔德斯半岛植被以苔藓和地衣为主，只有一种本地维管植物，即南极发草。为了开展以南极发草为主的植被长期监测，并为我国学者建立一个包括植物学、微生物学、生态学和环境科学等多学科研究的综合平台，我国于2013—2015年的1月和2月（第29次至第31次南极科学考察期间）在菲尔德斯半岛建立了13个固定样方（图3.7），提供了这些样方首次观测的基准数据，包括位置特征，以及每个样方中南极发草种群和伴生植物情况（Yao Y F et al., 2017）。这些基础数据对了解未来气候变化情景下南极洲的植被变化、分布范围以及南极发草的扩张具有重要意义。

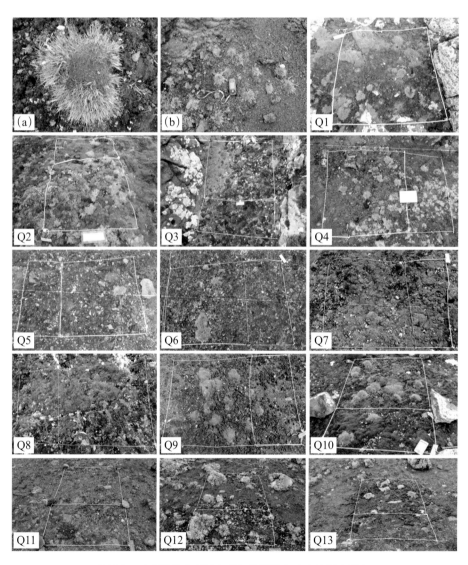

图3.7 南极发草生境及在菲尔德斯半岛建立的固定样方

（a）为发草与苔藓共生；（b）为发草生长在裸地上；Q1 ～ Q13 为植被样方

这些样方代表了菲尔德斯半岛上不同的微生境，例如，阿德利岛代表了有机质丰富的鸟类栖息地生境；科林斯冰盖前缘代表了冰川退缩后植物生长的初始阶段的生境。每个样方的面积为 1 m×1.5 m，其中 1 m×1 m 用于长期监测植被变化及其对气候变化的响应，样方剩余部分用于观测土壤微生物和微量元素等其他方面的研究。样方主要集中在菲尔德斯半岛东西海岸（Q5 和 Q8 例外，Q5 远离海岸 2～3 km，Q8 位于纳尔逊岛）（图 3.8），样方的海拔范围为 11～58 m，方位以西北和东北方向为主（表 3.1）。Q1 和 Q3 分别建立在霍拉修湾和柯林斯湾，那里的植物生长在藓丛覆盖的岩石之间。Q2 位于阿德利岛，受企鹅和贼鸥的影响较大。还有几个样方建立在裸地上，如 Q11、Q12 和 Q13。

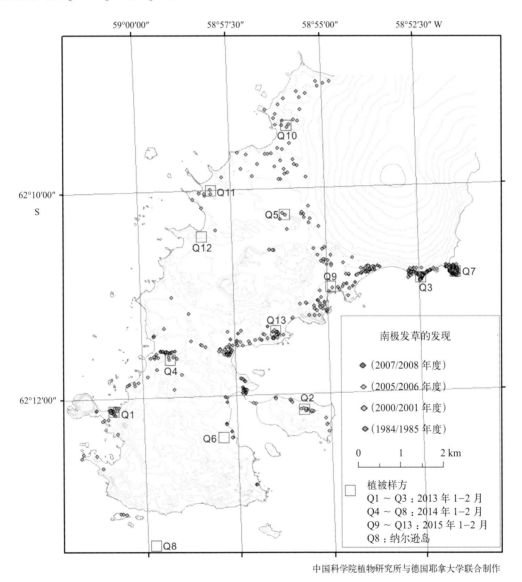

中国科学院植物研究所与德国耶拿大学联合制作

图 3.8　菲尔德斯半岛植被样方与南极发草分布

表 3.1　13 个固定样方的基本特征

编号	位置	经纬度	海拔 / m	方位	发草丛数	发草盖度 / %	苔藓盖度 / %	地衣盖度 / %
Q1	霍拉修湾	62°12′39″S, 59°00′49″W	11	NW	26	20.75	55	10
Q2	阿德利岛	62°12′41″S, 58°55′43″W	34	N	30	11	46	43
Q3	柯林斯湾	62°11′07″S, 58°52′44″W	16	NE	>50	37.50	56	6
Q4	生物湾	62°12′00″S, 58°59′40″W	42	NW	46	20	15	7
Q5	大脚湖	62°10′13″S, 58°55′26″W	50	NW	1	1.75	35	5
Q6	长城站	62°13′00″S, 58°57′52″W	42	NE	4	14	40	45
Q7	内布尔斯角	62°11′02″S, 58°51′35″W	33	NE	>100	50	40	10
Q8	纳尔逊岛	62°14′22″S, 58°59′07″W	38	NE	41	25.50	40	34.5
Q9	诺玛湾	62°11′20″S, 58°55′10″W	42	NW	24	10	20	10
Q10	华山半岛	62°09′11″S, 58°55′51″W	53	NW	17	31	60	1
Q11	海燕湾	62°09′59″S, 58°58′06″W	35	NW	2	1.50	—	20
Q12	幸福湾	62°10′33″S, 58°58′16″W	43	NW	1	1.50	10	30
Q13	龙门嘴	62°11′47″S, 58°56′28″W	58	NE	1	2.50	5	25

3.3.3　样方中南极发草种群数量及伴生植物

在建立的 13 个样方中，内布尔斯角（Nebles Point，Q7）的南极发草种群数量最大，该地点也被先前的学者报道为南极发草在菲尔德斯半岛上分布面积最大的区域（Gerighausen U et al.，2003；Torres-Mellado G A et al.，2011）。在 1 m² 的样方内，记录了 100 多丛南极发草，覆盖率高达 50%，其次是 Q3（37.50%）、Q10（31%）、Q8（25.50%）、Q1（20.75%）和 Q4（20%；表 3.1）。通常，苔藓丰富的样方中南极发草的种群比裸地上要大，例如，我们在 Q11、Q12 和 Q13 中仅发现了一两丛南极发草，在这些样方中，地衣占优势，而苔藓的覆盖率相对较低。然

而也有例外，Q5 中苔藓覆盖率高达 35%，南极发草的丛数和覆盖率却很低（分别为 1 和 1.75%），这可能与该样方的位置有关，即科林斯冰盖的前缘，这代表了冰川退缩后的初始植被阶段。

样方中除了南极发草，还记录了 8 种苔藓和 14 种地衣。苔藓主要包括：青藓属（*Brachythecium* sp.）种类、真藓属（*Bryum* sp.）种类、拟大萼苔属（*Cephaloziella* sp.）种类、针叶离齿藓（*Chorisodontium aciphyllum*）、拟金发藓（*Polytrichastrum alpinum*）、乔治克三洋藓（*Sanionia georgico-uncinata*）、三洋藓（*Sanionia uncinata*）、大赤藓（*Syntrichia princeps*）；地衣主要包括：奥古斯塔黑瘤衣（*Buellia augusta*）、耐冷黑瘤衣（*Buellia frigida*）、北方石蕊（*Cladonia borealis*）、细石蕊（*Cladonia gracilis*）、楔网衣（*Lecidea spheniscidarum*）、猫耳衣（*Leptogium menziesii*）、寒生肉疣衣（*Ochrolechia frigida*）、斯佩格茨鸡皮衣（*Pertusaria spegazzinii*）、瘿茶渍属种类（*Placopsis* sp.）、肉桂色鳞藓衣（*Psoroma cinnamomeum*）、球粉衣（*Sphaerophorus globosus*）、高山珊瑚枝（*Stereocaulon alpinum*）、南极石萝（*Usnea antarctica*）和簇花石萝（*Usnea aurantiacoatra*）。

3.3.4　基于样方观测的南极发草和苔藓盖度变化

通过 2013—2018 年 5 年样方的连续观测，我们初步发现，菲尔德斯半岛南极发草和苔藓盖度随气候变暖改变显著。以霍拉修湾 Q1 样方为例，南极发草的丛数和盖度以及苔藓植物的盖度均有明显增加，但苔藓植物的种类并未增加（图 3.9）。

2013 年 1 月 17 日

2015 年 2 月 6 日

2018 年 2 月 5 日

图 3.9　2013—2018 年 5 年内南极发草和苔藓盖度变化（以 Q1 为例）

3.4 南极菲尔德斯半岛植物重点保护区域植被调查

3.4.1 长城站及霍拉修湾周边

出于为科学规范管理我国在南极半岛开展采集植物样本等可能干扰植物生长的人类活动提供数据支撑和对策建议的目的，我国科学家对长城站所在的菲尔德斯半岛上重要区域进行了详细的植物调查。调查范围主要以长城站为中心，南至燕鸥湖，西至高山湖，北至玉泉河区域内，以及西海岸霍拉修湾，根据各个区域植物种类组成和特征、个体数量和丰度以及分布面积等，初步确定4个植物重点保护区域（PI-1、PI-2、PI-3和PI-4），列出了各区域的植物名录（表3.2），绘制了"菲尔德斯半岛植物保护重点区域调查图"（图3.10）。

表 3.2 南极菲尔德斯半岛重点保护区域植物名录

保护区域	植物名录
PI-1	苔藓：真藓属（*Bryum*）、湿原藓属（*Calliergon*）、丛毛藓属（*Pleuridium*）、黑藓属（*Andreaea*）、拟金发藓属（*Polytrichastrum*）、镰刀藓属（*Drepanocladus*） 地衣：簇花石萝（*Usnea aurantiacoatra*）、瘿茶渍衣（*Placopsis contortuplicata*）、寒生肉疣衣（*Ochrolechia frigida*）、岩表地图衣（*Rhizocarpon superficiale*）、地图衣（*Rhizocarpon geographicum*）、垫脐鳞衣（*Rhizoplaca melanophthalma*）、球粉衣（*Sphaerophorus globosus*）、黄茶渍属（*Candelariella*）、高山珊瑚枝（*Stereocaulon aplinum*）、石蕊属（*Cladonia*）、北方石蕊（*Cladonia borealis*）、鳞藓衣（*Psoroma hypnorum*）
PI-2	被子植物：南极发草（*Deschampsia antarctica*） 苔藓：镰刀藓属（*Drepanocladus*）、青藓属（*Brachythecium*）、真藓属（*Bryum*） 地衣：瘿茶渍衣（*Placopsis contortuplicata*）、微饱衣属（*Acarospora*）、黄茶渍衣（*Candelariella* cf. *flava*）、茶渍衣属（*Lecanora*）、地图衣（*Rhizocarpon geographicum*）、鸡皮衣属（*Pertusaria*）、猫耳衣（*Leptogium puberulum*）、黑盘灰衣（*Tephromela atra*）、癞屑衣属（*Lepraria*）
PI-3	苔藓：黑藓属（*Andreaea*）、镰刀藓属（*Drepanocladus*）、金发藓属（*Polytrichum*） 地衣：簇花石萝（*Usnea aurantiacoatra*）
PI-4	苔藓：镰刀藓属（*Drepanocladus*）、金发藓属（*Polytrichum*）、青藓属（*Brachythecium*）、红叶藓属（*Bryoerythrophyllum*）、黑藓属（*Andreaea*） 地衣：簇花石萝（*Usnea aurantiacoatra*）、黑瘤衣属（*Buellia*）、北方石蕊（*Cladonia borealis*）、鸡皮衣属（*Pertusaria*）、球粉衣（*Sphaerophorus globosus*）

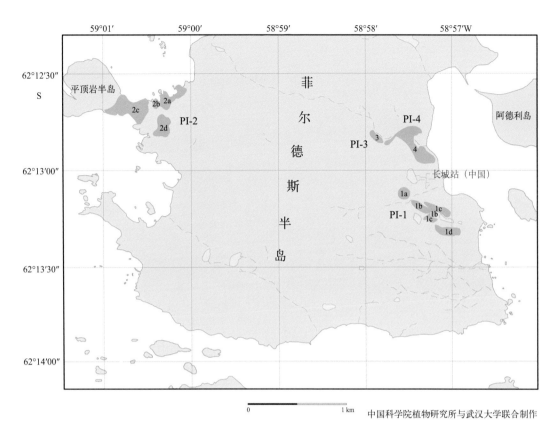

图 3.10　菲尔德斯半岛南部遴选的植物保护重点区域

3.4.2　阿德利岛

阿德利岛植被以苔原为主，占优势的类群主要包括，①开花植物：禾本科发草属南极发草；②地衣：壳状地衣的黄枝衣科橙衣属（*Caloplaca*）和地图衣科地图衣属（*Rhizocarpon*），枝状地衣的梅衣科（Parmeliaceae）、松萝属（*Usnea*）、簇花石萝（*Usnea aurantiacoatra*）；③苔藓植物：黑藓科黑藓属（*Andreaea*）、真藓科真藓属（*Bryum*）、曲尾藓科离齿藓属（*Chorisodontium*）、金发藓科拟金发藓属（*Polytrichastrum*）、柳叶藓科（Amblystegiaceae）、三洋藓属（*Sanionia*）和范氏藓属（*Warnstorfia*）、丛藓科赤藓属（*Syntrichia*）。

放眼望去，整个岛上苔藓和地衣分布面积广泛（图 3.11 和图 3.12）。在调查的 1 m×1 m 植被样方中，南极发草盖度约占 11%、苔藓占 46%、地衣占 43%。样方中的苔藓植物主要包括：针叶离齿藓（*Chorisodontium aciphyllum*）、三洋藓（*Sanionia uncinata*）、拟大萼苔属（*Cephaloziella* sp.）、獐耳细辛属（*Hepatica* sp.）等；样方中的地衣主要有：北方石蕊（*Cladonia borealis*）、细石蕊（*Cladonia gracilis*）、寒生肉疣衣（*Ochrolecia frigida*）、高山珊瑚枝（*Stereocaulon alpinum*）、南极石萝（Usnea antarctica）、簇花石萝（*Usnea aurantiacoatro*）等。总体而言，阿德利岛植被保护较好，但企鹅和贼鸥等动物以及人类活动对植被有轻度影响。

图 3.11　阿德利岛苔原植被景观

阿德利岛植被监测样方	南极发草
黑藓	真藓
拟金发藓	针叶离齿藓

图 3.12   阿德利岛主要植被种类部分照片

北方石蕊 岩表地图衣

高山珊瑚枝 寒生肉疣衣

簇花石萝 南极石萝

图 3.12（续） 阿德利岛主要植被种类部分照片

3.5　小结与展望

随着全球变暖,南极自然环境正在发生显著改变。例如,气温升高、冰川退缩、冻土层消融等,其结果必将影响到南极的陆地生态系统、植物多样性与植物生长模式,以及植被演替速率的改变。我国自"十二五"以来,完成了南极样方的选点和设立,多次现场复查样方,积累了植物多样性的本底数据,具有较好的前期积累。这几年的数据也初步反映了南极植物多样性对全球气候变化的响应,尤其在南极菲尔德斯半岛,随着气温升高,南极发草的盖度发生显著变化。未来应继续积累南极植物多样性变化数据,从而有效反映全球气候变化的趋势。

建议今后以南极地区地质历史时期为时间长轴,以南极的陆地植物为研究对象,采用多学科交叉的研究手段,围绕植物多样性监测,聚焦多样性变化对全球气候变化的响应,在长时间尺度植物演化的宏观层面、短时间尺度植物变化的精准层面,以及微体植物变化的微观层面3个层面开展研究工作。

(1)开展长时间尺度南极植物多样性与气候变化的研究,获得南极地区植被演替与气候历史变化过程的数据和资料,为极地植物与环境未来发展的潜能和远景提供参考蓝图。

(2)对样方内植物种类和丰度进行长期连续监测,逐年积累数据,以便在短时间尺度上精准研究植物多样性与全球气候变化之间的关系,为研究极端环境下植物多样性对全球气候变化的响应提供宝贵资料。

(3)综合生命科学、地球科学和环境科学等多学科交叉的研究手段,以微体植物的孢粉和硅藻作为主要研究对象,开展高精度、定量化分析,揭示南极全新世以来植物多样性与环境气候的变化过程以及未来发展变化趋势。

第 **4** 章

南极长城站周边地区
高营养级生物种群变化

　　企鹅和海豹是南极典型的高营养级动物，而气候环境变化会深刻影响它们的数量和分布范围。本章利用种群数量模型等方法，分析了 40 年以来南极磷虾和阿德利企鹅等在南极半岛地区分布的变化特征；通过不同企鹅粪土沉积柱的综合分析，揭示了 6700 a B.P. 以来阿德利企鹅聚居地的东迁及其影响因素；利用海豹毛镉元素浓度等多参数分析，重构了 1500 a B.P. 以来西南极半岛绕极深层水上涌强度的变化及其对菲尔德斯半岛海豹种群数量的影响。

4.1 阿德利岛企鹅种群生态变化

4.1.1 现代企鹅种群变化

企鹅是南极食物链中的中级捕食者，也是环境变化的哨兵物种，菲尔德斯半岛东部的阿德利岛是阿德利企鹅（*Pygoscelis adeliae*）、金图企鹅（*Pygoscelis papua*）、帽带企鹅（*Pygoscelis antarctica*）3 种企鹅的共有繁殖地。Che-Castaldo C 等（2017）建立了全南极多种企鹅种群数量观测数据库 MAPPPD 和种群数量模型，从中可以看出，1980 年以来阿德利岛金图企鹅数量上升，而阿德利企鹅和帽带企鹅数量持续减少。从更大的空间尺度来看，菲尔德斯半岛所在的西南极半岛（WAP）是南极升温最快的地区，生境的剧烈动荡导致多个物种的数量和分布出现大幅度变化。其中，阿德利企鹅和帽带企鹅整体数量减少，而在它们分布区最南部的繁殖种群则多数表现为增加；大部分金图企鹅繁殖地的种群数量增加，而增加最快的区域也位于其分布区的最南端（Lynch H J et al., 2012）。因此，3 种企鹅均表现出分布区南移的趋势。

利用 MAPPPD 数据库和种群数量模型，Gao Y S 等（2023）量化了西南极半岛 40 年以来阿德利企鹅繁殖地地理分布的变化。结果表明，南奥克尼群岛（SOI）、南设得兰群岛（SSI）和帕尔默地（即 67°S 以北地区）的阿德利企鹅数量均呈现不同程度的下降（图 4.1）。其中，南设得兰群岛和帕尔默地的昂韦尔岛观察到的下降最为剧烈，每年的相对变率高达 −5% ~ −10%；位于菲奇湾、斯特内角和利奇菲尔德岛（Litchfield Island）的 3 个种群已经灭绝。与之相反，在 67°S 以南的玛格丽特湾（Marguerite Bay）地区，阿德利企鹅的数量出现了增长，年平均增长率为 1% ~ 5%。在南极半岛最北端（TAP），阿德利企鹅的数量没有明显的增加或减少趋势，可能是由于 TAP 地区繁殖的阿德利企鹅更多地栖息于威德尔海，而威德尔海的气候和海洋条件在现代记录中与西南极半岛截然不同（Li X C et al., 2021）。在整个西南极半岛，阿德利企鹅分布中心的平均纬度从 20 世纪 80 年代的 63.4°S（63.2—63.5°S）变动到 21 世纪第二个 10 年的 63.6°S（63.2—64.0°S），仅略有变化，但这种稳定性是由于 TAP 地区的种群占西南极半岛总种群的比例较大（60% ~ 80%）。如果排除 TAP 地区，则阿德利企鹅分布区的纬度变化会从 62.0°S（61.5—62.7°S）南移至 63.6°S（61.8—65.4°S），平均每 10 年变化约 0.5°。

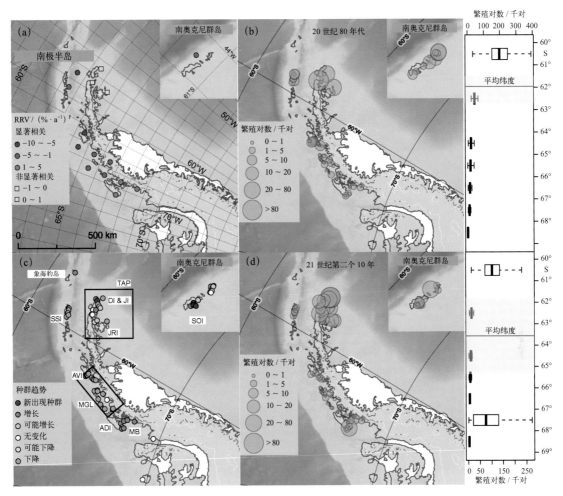

图 4.1　西南极半岛阿德利企鹅种群数量和地理分布变化（Gao Y S et al., 2023）

图例中 RRV 表示相对变化率

4.1.2　阿德利岛企鹅种群历史

目前，阿德利岛现代企鹅繁殖地全部分布在岛屿东部，但栖息历史只有 900 a（Emslie S D et al., 2013）；而对岛屿西部 Y2 湖（Sun L G et al., 2000a）和 ARD 湖（Roberts S J et al., 2017）沉积柱的研究表明，这里从全新世中期开始就存在企鹅。Yang L J 等（2019）通过对岛上不同地区的粪土沉积柱进行综合分析，重建了企鹅自西向东迁移的过程，并揭示了企鹅东迁的影响因素。

4.1.2.1　阿德利岛东部种群历史

Yang L J 等（2019）在阿德利岛东部采集的企鹅粪土沉积柱 Q1，其底部年龄为 619 ~ 434 a B.P.。Q1 沉积物的 C/N 介于新鲜企鹅粪和苔藓之间，说明其同时受到这两个端元的物质输入影响。由于苔藓输入的影响，Q1 沉积柱的 Cu、锌（Zn）、锶（Sr）、钡（Ba）和钙（Ca）没有显示出明显的生物特征。其中，Cu、Sr、Ba 和 Ca 的含量低于当地基岩中的含量，这可能与苔藓等植物进入沉积物后产生的 "稀释效应" 有关；Zn 在表层环境中很容易被有机物吸附和富集（Sun L G et al.，2006），其在沉积物中的含量可能会受到有机物富集和转化的影响。因此，这些元素无法作为生物元素来代表企鹅的输入量。幸运的是，菲尔德斯半岛基岩和苔藓中磷（P）的平均浓度分别只有 551 mg/kg 和 1492 mg/kg，远远低于 Q1 剖面中 P 的平均浓度（10 104 mg/kg）。粪土沉积物中的 P 含量是企鹅输入最典型的生物指标（Sun L G et al.，2000a；Hu Q H et al.，2013a；Yang L J et al.，2018；Gao Y S et al.，2018）。企鹅通过捕食过程从富含 P 的海洋系统中将 P 迁移到陆地系统，并随企鹅粪便一起进入沉积物。Q1 剖面中 P 的富集与生物来源有关，并受到企鹅粪的影响，因此，Q1 剖面中 P 的含量可以很好地反映采样区域企鹅数量的变化。

根据 Q1 中的 P 含量和 C/N 比值，企鹅至少从 500 a B.P. 起就一直栖息在岛屿东部，这与 Emslie S D 等（2013）的研究结果相符（图 4.2）。企鹅的种群数量在 400 a B.P. 前后达到顶峰，在 111 a B.P. 开始迅速减少，这可能与近几十年来气温升高和降雪量增加有关（Turner J et al.，2016）。

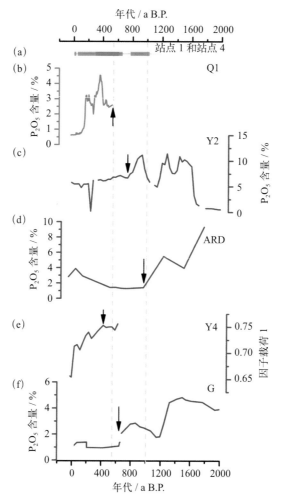

图 4.2　阿德利岛（a）~（b）东部和（c）~（f）西部的企鹅种群历史

数据分别来自 Emslie S D 等（2013），Yang L J 等（2019），Sun L G 等（2000a, 2004），
Roberts S J 等（2017），Liu X D 等（2005a）

4.1.2.2 阿德利岛西部种群历史

Sun L G 等（2000b）分析了 Y2 沉积柱中生物元素［Zn、氟（F）、Sr、Ba、硫（S）、P、Cu、硒（Se）、Ca］、总有机碳（TOC）、$^{87}Sr/^{86}Sr$、Sr/Ba 和硼 / 镓（B/Ga），并指出企鹅的数量在 2300 ~ 1800 a B.P. 的相对寒冷时期数量较少，随后数量增加，在 1800 ~ 1400 a B.P. 达到高峰（图 4.2）。在此，我们进一步分析了这些数据，发现这 9 种生物元素在 750 a B.P. 前后的趋势有明显差异。在 750 a B.P. 以前，元素水平随着气候变暖和变冷而发生波动，9 种元素之间高度相关。750 a B.P. 以后，这 9 种元素的含量缓慢减少，同时相关性减弱了。一个可能的解释是，Y2 湖附近的企鹅数量在 750 a B.P. 后开始明显减少。在企鹅占据期间积聚在湖周围的企鹅粪很可能仍然通过融雪径流进入湖中；然而，在流域鸟粪输入停止后，进入湖中的数量逐渐减少，9 种生物元素之间的关联性也被削弱。

Roberts S J 等（2017）用 P 含量和 ARD 湖沉积柱中企鹅粪或企鹅来源的沉积物（$F_{o.sed.}$）的平均相对比例推断了企鹅种群近 8500 a B.P. 以来的变化，发现了 4 个显著的企鹅粪输入近乎为 0 的时段，比如，6700 a B.P. 前企鹅未登陆阿德利岛的时候，以及 1000 a B.P. 以来。因此，ARD 湖周围的企鹅聚落地从 1000 a B.P. 开始就被废弃了，比 Y2 湖略早。然而，值得注意的是，ARD 湖沉积柱的记录在 2000 a B.P. 后分辨率很低［5.0 ~ 7.5 cm/(1000 a)］，1000 a B.P. 的废弃时间可能有相当大的分辨率不确定性。

对 Y4 湖的研究表明，自 400 a B.P. 以来，附近的企鹅种群数量一直在减少（Liu X D et al.,2005a），基于使用（700 ± 50）a 的 ΔR 进行重新校准。G 湖的沉积柱记录了 2000 a B.P. 以来的企鹅生态史，以及从大约 600 a B.P. 开始的种群数量大幅度下降（Sun L G et al., 2004）。总的来说，在过去的 1000 a 里，阿德利岛西侧的企鹅栖息地逐渐被废弃。到 600 ~ 400 a B.P. 时，已经影响到西部很大范围的繁殖地，此时正对应于 Q1 所在的东部地区企鹅数量增长的开始。

4.1.2.3 阿德利岛企鹅东迁及其影响因素

对比阿德利岛东部、西部企鹅过去的居住历史及分布情况，可以分为 3 个阶段，如图 4.3 所示。

（a）6700 ~ 1000 a B.P.：6700 a B.P. 企鹅登陆阿德利岛之后，在阿德利岛西部聚居，活动范围覆盖了岛屿西部的 Y2 湖、Y4 湖、G 湖、ARD 湖等大部分地区。

（b）1000 ~ 500 a B.P.：阿德利岛西部企鹅聚落开始逐渐废弃，企鹅开始往岛屿东部迁徙，岛屿东部 Q1 集水区附近有企鹅聚居。

（c）企鹅的迁移在 500 a B.P. 前后达到顶峰。西部企鹅聚落基本消失，Q1 集水区的企鹅数量大幅度增加。近几十年来，出现了更多延续到现代的繁殖地。

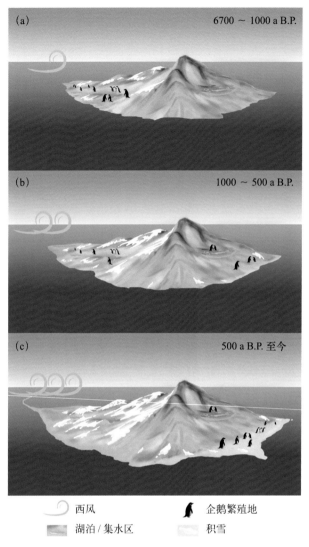

西风   企鹅繁殖地

湖泊/集水区   积雪

图 4.3   过去千年尺度阿德利岛企鹅聚居地的变迁示意图（Yang L J et al., 2019）

箭头粗细表示西风强弱变化，海平面变化根据 Roberts S J 等（2017）绘制

阿德利岛位于南极半岛乔治王岛西南端，处于西风带的南部边缘。现代记录表明，过去几十年西风增强且南移，受南半球环状模（SAM）正相位的驱动，气旋、风暴活动增加，来自北方、西北方的海洋暖湿气流增强，带来更多的降雪（Yin J H，2005）。

现代 SAM 变化对南极地区气候和生态的重要影响，以及研究区域短时间尺度上风速与 SAM 的强相关关系，为我们研究企鹅古生态对大尺度气候变化的响应过程和反馈机制提供了很好的借鉴。历史时期的 SAM 重建记录表明，850 ~ 650 a B.P. 为正 SAM，自 500 a B.P. 起，逐渐转向更正值的阶段（Abram N J et al.，2014）。Yang L J 等（2019）综合了来自澳大利亚、南美洲、南极内陆冰芯、南极半岛海洋沉积柱等一系列气候记录，发现 1000 ~ 500 a B.P.，低压槽向极地方向运动，阿蒙森海低压（ASL）增强，西风强度增加且南移，南极洲沿海和内陆地区的环流和空气运输加强（图 4.4）；同时，气温上升表明西风对研究地区的气候和大气状况影响越来越大。

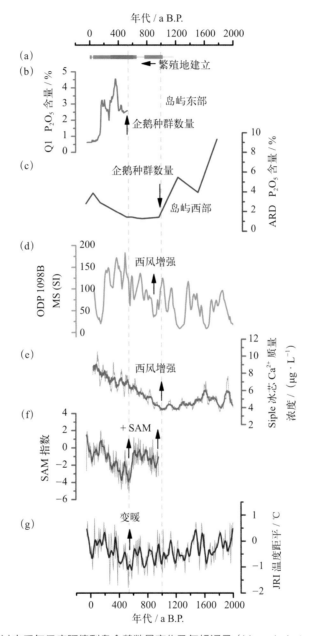

图 4.4 过去千年尺度阿德利岛企鹅数量变化及气候记录（Yang L J et al., 2019）

西风的这些趋势为 1000 a B.P. 以来企鹅在阿德利岛的迁移提供了一个可能的机制。当 SAM 处于正相位时，西风增强，导致研究区域的气旋和风暴增加。因此，穿过阿德利岛暖湿气流的增强和持续的西北气流将带来比正常情况下更多的降雪。风力的加强和积雪的增加都可能导致阿德利岛的西部不再适合企鹅筑巢，并逐渐将企鹅驱赶到更避风的东部。到约 500 a B.P. 时，SAM 开始向更正相位的阶段转变，并进一步将企鹅推向东部。

4.2 南极菲尔德斯半岛周边海豹种群生态变化

4.2.1 现代海豹种群变化

Negrete J 等（2022）调查了南设得兰群岛波特（Potter）半岛及其周边地区 1995—2018 年南方象海豹（*Mirounga leonina*）的繁殖雌性数量和幼崽断奶时的体重，并分析了半岛种群雌性繁殖后的觅食月份内西南极半岛海冰范围和持续时间与种群数量趋势之间的关系。

对南方象海豹繁殖雌性数量的调查显示：在研究期间，成年雌性的数量以每年 −0.6% 的速度下降了 11.9%。且 2008 年之前和之后的趋势截然不同，在 2008 年之前，雌性个体数量以年均 −4.6% 的速度显著下降了 46.5%；而在随后的 2008—2010 年，雌性个体数量有明显跃升，2010—2018 年，雌性个体数量相对稳定，这种增长在统计学上并不显著［$F_{(1, 8)}=2.6$，$p=0.24$，调整后的 $r^2=0.2$］（图 4.5）。

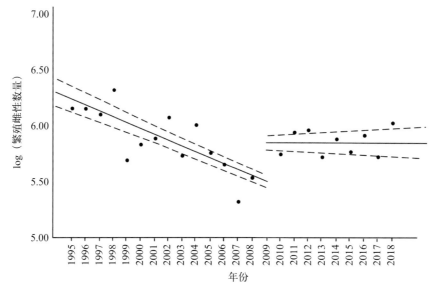

图 4.5 南设得兰群岛波特半岛繁殖雌性南方象海豹个体数量变化趋势（Negrete J et al., 2022）

对海冰范围和持续时间与种群趋势和断奶体重的关系研究表明，在西南极半岛中，海冰范围与南方象海豹觅食成功之间的联系可能是高度可变的，这取决于其食性中的主要成分。Negrete J 等（2022）的分析显示，在波特半岛繁殖的雌性数量与西南极半岛的海冰范围呈正相关，这与以往的认识相反；Hall B L 等（2006）认为，南方象海豹亚种群之间的迁移和群落的纬度扩张似乎是对全新世温暖气候的响应。而 Negrete J 等（2022）的一种假设是，在冬季觅食区海冰面积较小的年份，该种群中的一些在海冰边缘觅食的雌性选择在更靠南的觅食区附近新的无冰地点繁殖，这种迁移缩短了雌性 SES 从觅食区到繁殖区的距离，有利于南方象海豹节省能量用于繁殖。

对断奶时南方象海豹幼崽体重的调查表明，平均幼崽断奶体重没有随时间变化，也不随繁殖种群数量变化（表 4.1）。本研究中获得的断奶体重平均值远高于在麦夸里（Macquarie）岛一个正处于衰落期的种群（Clausius E et al., 2017）。这表明，至少在研究区间内（1995—2018 年），大部分到达繁殖地的雌性南方象海豹觅食成功率没有受到显著影响，有足够的储备来分配给它们的幼崽，使其达到有利于生存的体重。

表 4.1   1995—2018 年波特半岛南方象海豹繁殖种群数量记录及断奶幼崽的体重（Negrete J et al., 2022）

雌性产崽峰值时间	雌性成体数量 / 头	雄性成体数量 / 头	断奶时幼崽体重 / kg
1995 年 10 月 26 日	469	51	157.8±21.5（29）
1996 年 10 月 25 日	471	68	—
1997 年 10 月 26 日	444	70	—
1998 年 11 月 1 日	555	39	156.9±25.5（70）
1999 年 10 月 28 日	296	36	—
2000 年 10 月 26 日	340	44	—
2001 年 10 月 26 日	360	29	162.2±24.6（79）
2002 年 10 月 30 日	432	39	159.9±28.4（171）
2003 年 10 月 31 日	307	42	154.5±24.9（133）
2004 年 10 月 28 日	408	47	160.9±28.1（116）
2005 年 10 月 27 日	317	51	153.2±23.6（100）
2006 年 10 月 25 日	285	45	165.1±23.6（147）
2007 年 10 月 30 日	204	46	159.9±26.6（99）
2008 年 10 月 25 日	251	44	163.9±25.7（119）
2010 年 10 月 27 日	314	54	1569.9±26.6（104）
2011 年 10 月 23 日	379	67	164.1±27.5（116）
2012 年 10 月 27 日	388	81	146.6±28.6（102）
2013 年 10 月 25 日	304	38	156.8±33.1（118）
2014 年 10 月 29 日	359	59	156.2±27.4（50）
2015 年 10 月 30 日	321	43	158.9±32.3（36）
2016 年 10 月 29 日	368	70	—
2017 年 10 月 27 日	304	40	—
2018 年 10 月 21 日	413	40	—

注：最后一列括号中数据为用于计算幼崽体重的幼崽数量。

4.2.2   以海豹粪土沉积物汞同位素重建海冰变化

海冰是影响极地高营养级生物种群动态的重要因素。研究表明，海冰覆盖的时空变化通过改变进入海水中的太阳辐射，影响海水甲基汞（MeHg）的光降解，这被海洋生物样品的汞（Hg）

同位素奇数非质量分馏（以 $\Delta^{199}Hg$ 为代表）所记录，表明生物样品的 Hg 同位素有可能反映海冰的变化。Liu H W 等（2023）研究了采自菲尔德斯半岛的一个具有 1500 a 历史、受象海豹活动强烈影响的沉积剖面 HF4，对沉积物样品进行了 Hg 浓度和 Hg 同位素组成测定，结果表明，以海豹粪输入为主的沉积物中的 $\Delta^{199}Hg$ 反映了进入食物网前海洋 MeHg 的 $\Delta^{199}Hg$，记录了海水中光去甲基化程度的变化。

海冰的重建结果表明，750 年之后沉积物中 $\Delta^{199}Hg$ 的变化主要表现为在暖期（1000—1300 年）升高，冷期（750—1000 年和 1300—1750 年）降低的特征（图 4.6）。结合研究区域历史时期的气候变化，研究发现沉积物中 $\Delta^{199}Hg$ 在暖期（1000—1300 年）的增加主要反映了海冰面积减小导致海水中 MeHg 光去甲基化的增强（图 4.6）。海冰面积的减小有利于太阳辐射进入海水，从而增强了海水中 MeHg 的光降解，使残余 MeHg 中的 $\Delta^{199}Hg$ 升高。随着 MeHg 进入食物链，海豹体内的 $\Delta^{199}Hg$ 继承了海水中残余 MeHg 的 $\Delta^{199}Hg$，最终被记录在沉积物中。相反，在两个气候寒冷时期（750—1000 年和 1300—1750 年），更多的海冰覆盖可能抑制了 MeHg 的光降解，导致沉积物中 $\Delta^{199}Hg$ 的降低。从另一个角度来看，生物沉积物中的 Hg 同位素也指示了历史时期的海冰变化，是过去气候变化有价值的代用指标。

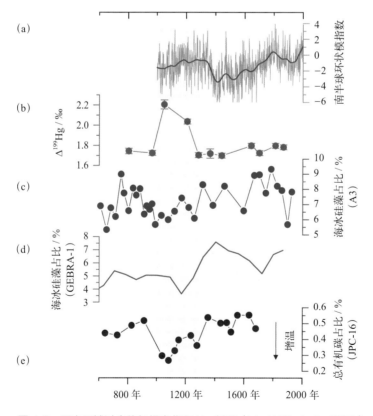

图 4.6　研究区域过去的气候变化和 Hg 循环（Liu H W et al., 2023）

（a）南半球环状模指数的变化；（b）750 年后 HF4 沉积物中 $\Delta^{199}Hg$ 的变化；（c）A3 和（d）GEBRA-1 沉积物中海冰硅藻比例变化；（e）JPC-16 沉积柱中总有机碳含量变化，反映了过去的气候变化。浅蓝色阴影区域代表了气候寒冷时期，浅红色阴影区域代表了气候温暖时期

4.2.3　通过海豹毛中镉含量变化重建绕极深层水上涌强度变化

西南极半岛（WAP）的水团主要受南极绕极流（ACC）的影响，ACC 将相对温暖、营养丰富的绕极深层水（CDW）输送到 WAP 大陆架（Hückstadt L A et al., 2020）。CDW 入侵大陆架对 WAP 的冰架基底融化、海洋学和生态学过程产生了重大影响。在南大洋，海水中镉（Cd）的分布具有显著的营养元素特征。由于生物活动对 Cd 的吸收，表层海水中的 Cd 含量较低，而 CDW 中的 Cd 含量较高（Abouchami W et al., 2011）。CDW 的入侵和上涌将富含 Cd 的深层水带到海洋表面。Cd 可以替代碳酸酐酶中的锌（Zn）被浮游植物利用，并通过食物链逐渐在较高营养级生物体内积累（Xu Y et al., 2008）。Guo X H 等（2023）在东南极普里兹湾通过海豹毛中 Cd 含量的变化重建了过去 CDW 上涌强度的变化。类似地，郭小红等于 2024 年利用从南极菲尔德斯半岛采集的海豹粪土沉积柱中南象海豹毛中的 Cd 作为 CDW 上涌强度的代理指标，重建过去 1500 a 来 CDW 入侵 WAP 的历史变化。

重建记录显示：900 ~ 500 a B.P.，CDW 的上涌强度增强；1500 ~ 900 a B.P. 和 500 ~ 100 a B.P.，CDW 的上涌强度减弱（图 4.7）。结合研究区域的海洋沉积柱中海洋生产力和海冰记录研究发现，

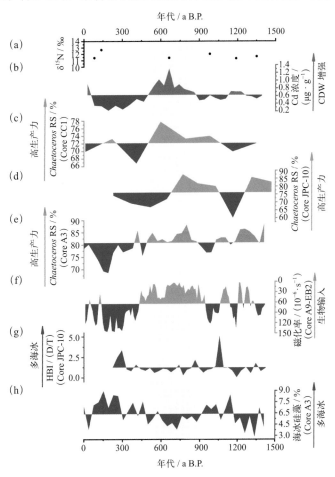

图 4.7　西南极半岛绕极深层水上涌强度变化的重建及其对区域海洋生产力和海冰的影响

浅灰色阴影区域表示绕极深层水上涌增强的时期；（c）~（e）中的 RS 表示微藻休眠孢子（Resting spores）

CDW 上涌强度的变化与海洋初级生产力的变化一致，这可以解释为增强的 CDW 上涌所提供的营养物质刺激了海洋初级生产力的增加。另外，CDW 上涌强度与海冰的变化出现了相反的趋势，说明 CDW 上涌 / 入侵到 WAP 的增加 / 减少，通过增加 / 减少海洋热通量导致海冰减少 / 增加（图 4.7）。

4.2.4　绕极深层水上涌对海豹种群数量的影响

西南极半岛海岸通常被认为是来自乔治王岛地区的海豹的主要觅食区域。海洋环境的变化（如海冰和生产力等）通过影响食物的丰富性或可用性，对海豹的生态产生重要影响。Liu X D 等（2005b）对 HF4 沉积物中 27 种元素 / 氧化物、海豹毛丰度、TOC、总氮（TN）和灼失

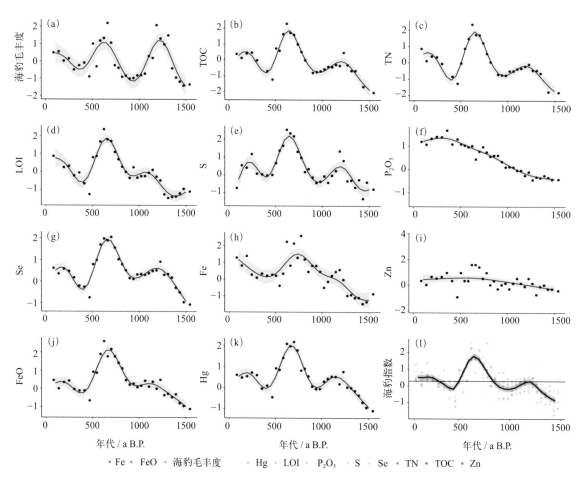

图 4.8　1500 a B.P. 以来菲尔德斯半岛海豹种群动态重建

（a）HF4 沉积柱中海豹毛丰度；（b）～（k）HF4 沉积柱中指示海豹粪输入的地球化学代用指标，每个代理的广义加性模型（GAM）用灰色阴影表示 95% 的置信区间；（l）利用 GAM 将所有指标（a）～（k）合成的海豹指数，反映海豹种群数量的变化

量（LOI）进行了 R-mode 聚类分析，确定了 11 种与海豹粪输入有关的指标，包括海豹毛丰度、TOC、TN、LOI、S、五氧化二磷（P_2O_5）、Se、Fe、Zn、氧化亚铁（FeO）和 Hg。郭小红（2023）利用广义加性模型（GAM）将这 11 种与海豹粪输入有关的指标合成了海豹指数，重建了 1500 a B.P. 以来菲尔德斯半岛的海豹种群数量的变化，并探讨了 CDW 上涌 / 入侵 WAP 对海豹种群的影响。

利用海豹指数重建的记录显示，在 900 ~ 500 a B.P.，海豹种群数量多（图 4.9）。CDW 上涌强度的变化趋势与海豹种群数量变化一致。即在 900 ~ 500 a B.P.，海豹数量相对较多，对应于增强的 CDW 上涌；相反，在 1500 ~ 900 a B.P. 和 500 ~ 100 a B.P.，海豹数量减少，CDW 上涌减弱。如 4.2.3 节所述，一方面，营养丰富的 CDW 入侵 WAP，促进了区域海洋生产力，增加了低营养级生物的丰度，进而增加海豹的食物来源，导致海豹数量的增加。另一方面，CDW 入侵将更多的热量带到了大陆架，导致海冰减少，为海豹捕食提供了更多的开阔水域，同时减少了海豹群体和觅食区之间的距离。

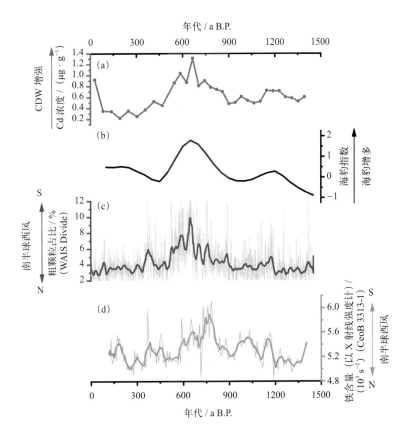

图 4.9 绕极深层水上涌对海豹种群数量的影响及其驱动机制

浅灰色阴影区域表示绕极深层水上涌增强的时期

4.3　西南极半岛多营养级生物协同变化

大量极地生态学研究表明，高营养级生物种群对气候变化的响应，很大程度上取决于食物可获得性的变化。温度、海冰、大气环流、海洋条件等要素通过影响大洋生产力、磷虾种群丰度、捕食距离 / 时间、冰间湖面积、营养物浓度以及捕食区域的纬度等影响高营养级生物的繁殖成功率和种群数量（Gao Y S et al., 2019）。在生态观测中，企鹅、海豹的种群常常与其捕食海域的生产力 / 浮游植物生物量和磷虾种群表现出协同变化的特征。

4.3.1　20 世纪以来的磷虾与浮游植物种群变化

南极磷虾（*Euphausia superba*）是南大洋的重要物种，也是南大洋各种捕食者的主要食物。Huang T 等（2011）通过海豹毛的 N 同位素重建了 1920 年以来的南极磷虾数量，发现南极磷虾数量整体呈下降趋势，并与海温升高的趋势相近。Atkinson A 等（2019）通过拖网观测建立了 20 世纪 20 年代以来的南极磷虾种群数据库（KRILLBASE），发现升温最为剧烈的大西洋扇区南极磷虾数量显著下降，特别是 60°S 以北地区，而 65°S 以南地区数量略微上升，导致南极磷虾密度中心向南移动了 440 km，且这一过程与 SAM 的变化相一致。随后，Atkinson A 等（2022）利用南极磷虾成体和幼体数据库，发现南极磷虾范围的南移有两个阶段。20 世纪 20—90 年代显著变暖期南极磷虾分布变化不大，而 90 年代以来的变暖停滞期则发生了显著南移。模拟研究还表明，在目前的高 CO_2 排放情景下（RCP8.5），南极磷虾的分布将随着海冰的消失将进一步南移（Veytia D et al., 2020），到 2100 年，南极磷虾栖息地将减少 80%，WAP 的产卵场将完全消失（Piñones A and Fedorov A V，2016）。

Montes-Hugo M 等（2009）利用卫星遥感数据对比了 1978—1986 年和 1998—2006 年两个时间段 WAP 的夏季叶绿素 a（Chl a）浓度，指出 WAP 陆架区 Chl a 浓度北减南增，分界线为 64°S，这一特征最近又被 Rogers A D 等（2020）证实，同时过渡带又向南移动了 400 km。WAP 北部，夏季海冰范围缩小、云量增加、风增强，导致混合层变深、光照减少，进而导致浮游植物减少；WAP 南部，冰架和海岸带冰川的后退产生了大量新的夏季开放水域，促进了生物群落繁荣和碳汇增加（Barnes D K A, 2015）。与浮游植物生物量变化同时发生的是群落组成的变化，一般来说，浮游植物生物量增大的区域或时期，粒径大于 20 μm、以硅藻为主的组分比例增加，而粒径小于 20 μm、以棕囊藻为主的组分比例降低。

4.3.2　食物链多组分协同南移

Gao Y S 等（2023）综合了 KRILLBASE 和美国国家航空航天局（NASA）卫星遥感的叶绿素数据集，量化了南极磷虾和浮游植物的南移过程。结果均表现出北部减少、南部增多的特征，分界线分别为 65°S 和 64°S。20 世纪 80 年代至 21 世纪第二个 10 年，两种生物分布区的平均纬度分别南移了 0.8° 和 2.3°（图 4.10）。

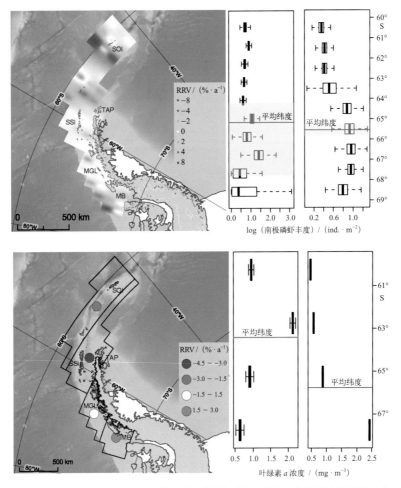

图 4.10　WAP 地区南极磷虾、浮游植物过去 40 a 丰度变化的空间分布和分布区平均纬度的变化（Gao Y S et al., 2023）

图例中 RRV 表示相对变化率；SOI 为南奥克尼群岛，SSI 为南设得兰群岛，MGL 为格雷厄姆地边缘海，

MB 为玛格丽特湾

通过经验正交方程（EOF）分别提取了阿德利企鹅、南极磷虾和浮游植物丰度变化的主要模态，其中阿德利企鹅 / 南极磷虾的 EOF1 和浮游植物的 EOF2 分别清晰地刻画了它们北减南增的变化特征，其时间序列可以度量它们分布区南移的程度，定义为 S-N 指数（图 4.11）。结果表明，阿德利企鹅在 20 世纪 80 年代末发生了快速的南移，且随后一直持续；南极磷虾主要的南移过程同样发生在 20 世纪 80 年代末，但随后不再有长期的南移趋势；浮游植物由于存在数据空白，无法判断南移开始的时间，但 21 世纪最初 10 年后的分布比 20 世纪 80 年代显著偏南，且 2015 年以前存在持续的南移过程。

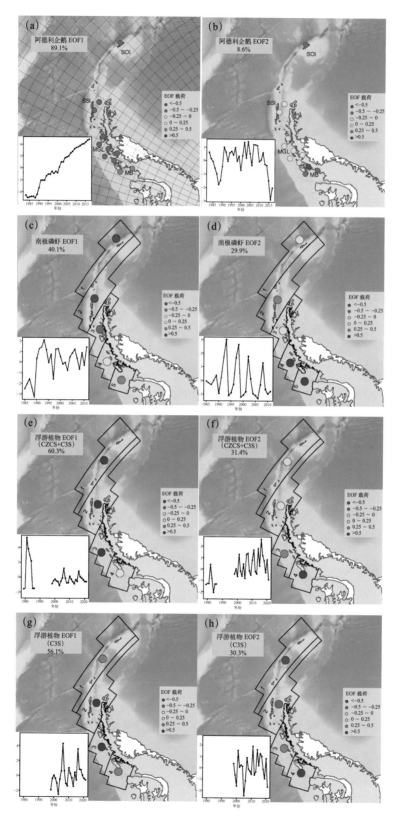

图 4.11 阿德利企鹅、南极磷虾、浮游植物丰度变化的主要 EOF 模态的空间
载荷以及时间序列（Gao Y S et al., 2023）

SOI 为南奥克尼群岛，SSI 为南设得兰群岛，MGL 为格雷厄姆地边缘海，
MB 为玛格丽特湾

4.3.3　协同南移的驱动因素

　　研究表明，南半球环状模、太平洋年代际涛动（IPO）和大西洋多年代际涛动（AMO）在不同的季节通过多种机制影响着 WAP 的大气 – 海洋环境，进而驱动了阿德利企鹅、南极磷虾和浮游植物的南移。Gao Y S 等（2023）对阿德利企鹅、南极磷虾和浮游植物的 S-N 指数与以上 3 种气候驱动力的时间序列进行了逐步回归分析，并考虑了不同季节和滞后期，提取了对南移过程起关键作用的遥相关过程（图 4.12）。结果表明，春季 AMO 指数与阿德利企鹅、南极磷虾和浮

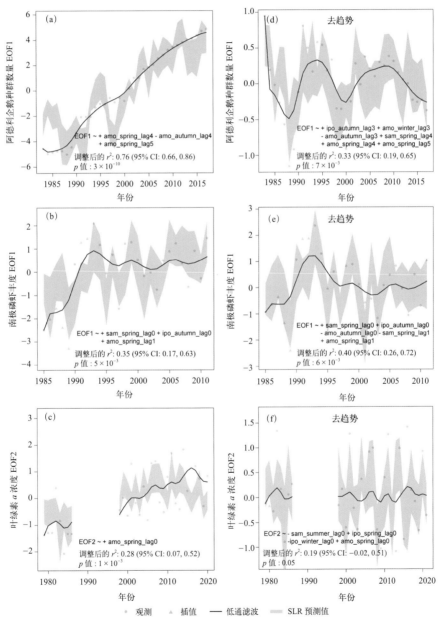

图 4.12　阿德利企鹅、南极磷虾和浮游植物的 S-N 指数与气候模式指数在不同季节和滞后期的逐步线性回归（SLR）模型（Gao Y S et al., 2023）

（a）~（c）和（d）~（f）分别表示不去趋势和去趋势后的回归模型；EOF：经验正交方程，sam：南极环状模，ipo：太平洋年代际涛动，amo：大西洋多年代际涛动，spring：春季，summer：夏季，autumn：秋季，lag1：滞后 1 年，依此类推，95% CI：95% 置信区间

游植物的南移过程均显著相关，滞后期分别为 0 a、1 a 和 5 a，暗示了可能的影响机制。由于阿德利企鹅和南极磷虾分别有 4 a 和 1 a 成熟期，滞后 5 a 的 AMO 指数直接影响了 $t = -5$ 的叶绿素浓度，进而影响 $t = -5$ 时南极磷虾的繁殖成功率和 $t = -4$ 的南极磷虾种群数量，即 $t = -4$ 时阿德利企鹅繁殖季节的食物供应，并最终影响 $t = 0$ 时阿德利企鹅的种群数量。

通过春季 AMO 指数与 WAP 环境要素的空间相关分析（图 4.13），Gao Y S 等（2023）发现春季正相位 AMO 会促进 WAP 表层海水变暖、海冰减少且消退的时间提前，同时风速增加，混合层加深。对于 WAP 北部地区，以上因素将导致浮游植物在水华期光照不足，生产力降低，从而限制了南极磷虾繁殖期的食物来源。后者将导致 1 a 后南极磷虾的丰度减小进而降低阿德利企鹅的繁殖成功率和 5 a 后阿德利企鹅的种群数量；对于 WAP 南部，由于原本的海冰覆盖期过长，正相位 AMO 会导致冰退提前，从而变得更加适宜浮游植物生长，进而促进南极磷虾和阿德利企鹅的增多。以上结果表明，WAP 高营养级生物阿德利企鹅的种群数量和地理分布变化很大程度上受到来自气候环境要素驱动的食物链底层生物种群变化的影响。

4.4 小结与展望

近几十年来，南北极部分区域显著升温，已引发多种极地物种数量锐减、栖息地收缩或剧烈变动，引发了人们对全球变暖生态后果的担忧。我国以长城国家野外站为依托，多年来关注南极典型生物种群动态及其对气候变化和人类活动的响应，取得了一系列有国际影响力的重要成果，特别是利用生物粪土层揭示历史时期种群数量和栖息地变化与气候的关系，形成了独特的优势。近年来的研究越来越多地指出，气候冷暖不是影响生物种群盛衰的唯一因素，与气候变化相关的大气、海洋环流的改变能够显著影响风和积雪分布、降水量、海洋营养条件、近岸海冰和浮冰的范围等一系列因素，它们与物种的繁殖、发育、捕食等过程密切相关，进而控制种群的数量和时空分布。本章的研究表明，西风增强和积雪分布变化引起了企鹅东迁；西风驱动的绕极深层水上涌强度的变化显著改变了西南极半岛地区的海冰和生产力，进而影响了海豹的种群数量；大西洋海温升高引发的大气遥相关过程，通过食物链的级联效应驱动了西南极半岛企鹅、磷虾和浮游植物共同南移。可见，极地生物，特别是高营养级生物对气候变化的响应是极其复杂和多样的，在全球气候模态、区域大气海洋条件与局部地形条件共同作用基础上，还要考虑种内与种间竞争、食物链的级联效应、种群规模效应等生物群落内部因素。为此，需要将生态学理论与地球系统科学相结合，从历史和现代的角度，建立有效的大气－海洋－生态动力学耦合模型，从而正确评估极区生态系统对未来气候变化的响应，识别敏感性物种和敏感性区域，从而为有效开展极地生物资源保护提供基础。长城站位于全球升温最快的西南极半岛地区，温度、

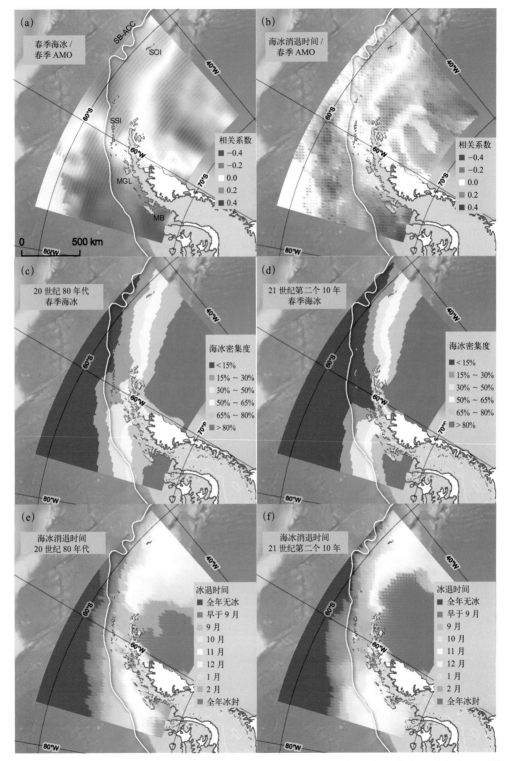

图 4.13 （a）和（b）为春季 AMO 指数与海冰覆盖及冰退时间的空间相关分析；（c）~（f）为 20 世纪
80 年代和 21 世纪第二个 10 年春季海冰覆盖和冰退时间的空间分布（Gao Y S et al., 2023）

海冰、冰川均发生剧烈变动，引发了一系列生态效应。为充分发挥长城国家野外站在极地生态研究领域的独特优势，服务于国家在南极考察、研究、保护和利用等各方面的重大需求，特提出以下三点建议。

4.4.1 扩大长城国家野外站辐射范围，开展区域性生态观测和古生态重建

受海冰减少等因素影响，西南极半岛企鹅、磷虾、浮游植物等多种生物种群出现北部减少、南部增多的趋势，而南极半岛岬角处多个大型企鹅繁殖地种群数量变化不大（Gao Y S et al.，2023）；历史上，南极半岛东部和西部的温度变化长期处于相反趋势（Shevenell A E et al.，2011）。可见，气候和生态变化的区域差异普遍存在，而目前以长城站为依托的生态监测和研究仍以菲尔德斯半岛为主。为此，建议以长城站所在的南设得兰群岛为中心，依托长城国家野外站强大的科研和后勤支撑，逐步辐射南极半岛及周边海域的核心生态区，如东南极半岛海豹繁殖地詹姆斯·罗斯岛（James Ross Island）、最新发现的超大型企鹅繁殖地丹杰群岛（Danger Islands）、磷虾储量巨大且生物多样性极其丰富的南奥克尼群岛和南乔治亚岛、位于南极半岛南部随变暖而生物群落逐渐繁盛的玛格丽特湾等。在上述地区开展关键物种的生态监测和古生态重建研究，将有利于全面理解和评估气候变化对区域生态环境的影响，揭示气候变化大背景下生物种群动态的地理分布和栖息地的迁移过程，有效划定特别保护区，开展关键物种和关键区域的生态保护。

4.4.2 开展南极半岛海域现代和历史时期磷虾生态观测

磷虾是南大洋生态系统的基石，是几乎全部南极高营养级生物重要的食物来源，同时具有巨大的商业价值。研究表明，企鹅、海豹等南极典型物种种群动态在很大程度上依赖于大洋生产力和磷虾丰度（Gao Y S et al.，2019）；南极生态系统中不同营养级生物在气候变化的作用下相互影响、协同变化，为此必须开展多物种联合观测。美国依托帕默考察站在南极半岛地区开展了长达30 a的长期生态研究计划（Palmer LTER）项目，监测对象涵盖了磷虾在内的多种微生物、浮游植物、浮游动物、海鸟和哺乳动物等，取得了一系列重要成果，但在历史时期的种群生态变化方面尚有不足。我国自1998年起依托长城站利用湖泊生物粪土沉积物开展企鹅、海豹古生态研究，多年来不断拓展完善，形成了一套独具特色的极地古生态学/生态地质学研究方法体系（Sun L G et al.，2013），是我国在极地生态科学领域的优势之一。因此，建议以长城站为依托，一方面开展包括磷虾在内的极地多物种长期常态化生态观测；另一方面进一步拓宽生态地质学的研究范围，在南极半岛海域不同地区广泛采集海洋沉积柱，利用生物地球化学指标开展历史时期磷虾等关键海洋生物种群动态和栖息地时空动态的重建研究。建立涵盖多营养级、生境类型和时空尺度的种群生态要素观测数据库，提升我国在极地关键区域生态研究的国际影响力。

4.4.3　利用企鹅 / 海豹开展大气 − 海洋 − 生态要素联合观测

　　研究表明，气候冷暖变化不是南极生物种群动态变化的直接影响因素，而是冷暖变化引发的区域大气环流和海洋条件的改变。如大气遥相关过程通过改变阿蒙森低压影响西南极半岛暖湿气流的输入，从而影响春季海冰和风速并控制了浮游植物和磷虾的生物量（Saba G K et al.,2014）；南极各地的绕极深层水上涌不仅加速了冰架融化，而且在罗斯海、普里兹湾和南极半岛地区都被证实显著影响了海冰、生产力和企鹅 / 海豹的种群数量（Xu Q B et al., 2021；Guo X H et al., 2023）。因此，为更深刻地解析南极典型生物种群动态变化的驱动机制，需要在开展生态要素观测的同时，同步获取大气和海洋条件观测数据，特别是对于深层水上涌过程在南极陆架地区的强度变化、时空特征以及影响因素，在不同时间尺度的观测和重建记录均较少。建议依托中国南极长城站，在南极半岛附近海域和阿蒙森海开展大气 − 海洋 − 生态要素联合观测，利用企鹅 / 海豹捆绑式探测器采集其捕食海域（数百米至数千千米）和水深范围（数十米至数千米）的水团温盐数据，利用企鹅 / 海豹粪土沉积柱中的 Cd 等替代性指标同时获取历史时期的深层水上涌强度和种群动态，为深入理解极地生物种群生态变化对气候变化响应机制提供关键数据。

第 **5** 章

南极菲尔德斯半岛快速变化的无冰区微生态系统

南极半岛及邻近地区的升温导致冰川消融、冰川前缘后撤，大量融水注入湖泊和近岸海域，直接影响当地的生态环境。本章利用高通量和宏基因组测序等分子生物学手段，分析了陆地淡水湖泊和近岸海湾包括浮游细菌和微型真核在内的微生物组成及异同，并对有颜色积雪中的微藻组成、功能基因和抗生素抗性基因进行了分析。

5.1 气候变化与南极无冰区生态系统

气候变化导致的南极冰川退缩将改变南极无冰区的范围和结构，并深刻影响无冰区和近岸海域生态系统的结构与功能。预计在典型浓度路径 RCP8.5 温室气体排放情景下，到 21 世纪末，冰川融化导致南极无冰地区的面积可能增加 2100 ~ 17 267 km²，增幅接近 25%；南极半岛无冰总面积将增加 3 倍，其中半岛北部无冰区面积，在 RCP4.5 情景下增加可能超过 9000 km²，而在 RCP8.5 情景下增加将超过 14 500 km²。南极陆地重要的生物过程以及生物多样性几乎仅发生在覆盖该大陆不到 1% 的无冰地区。在菲尔德斯半岛地区，TanDem-X 卫星对地观测数据显示：小冰期（LIA）至 1989 年，冰川退缩面积为 0.9 km²；而 1989—2018 年，冰川退缩面积为 0.7 km²。同时，据模型评估，受全球气候变暖影响，到 2030 年科林斯冰盖将消融总面积的 5%（0.9 km²），2050 年将消融 21%（3.6 km²），至 2070 年将消融 35%（5.9 km²）（Petsch C et al., 2020）。

气候变暖将导致整个南极无冰区大范围扩张，为物种提供大量潜在的新栖息地，并缩短物种分布区之间的距离，从而极大地改变生物多样性栖息地的可利用性和连通性以及生物地球化学过程。因此，气候变化、冰川融化和退缩对南极本土生物的生存、演替及多样性的影响是国际社会关注的热点科学问题。未来随着南极无冰区逐步增加与相互融合，极地物种的生态分布特征将发生深刻变化，甚至跨越生物地理分布鸿沟；对冰川前缘水域生态系统如湖泊、径流和近岸海域，以及逐步裸露的土壤、发育的植被等不同生境及其生态发育演化过程展开长期观测研究，有助于我们深入了解气候变化对南极生态系统演替的影响。

首先，冰川退缩将原本被冰川掩盖的岩石和沉积物暴露出来，成为原生裸露地，并进入原生演替过程。这些营养物质少、生物活性低且生物量低的生态系统开始接受外界的生物和物质的输入，并通过自身的演替过程，逐渐发育成一个成熟的生态系统。在演替过程中，其生态系统的结构和功能均发生巨大改变。在冰川不断退缩的情况下，新裸露的土壤在物理、化学和生物方面均呈现出时间变化梯度，这使得冰川前缘地区处于不同的发育阶段。因此，冰川前缘的无冰地区是研究生态演替的理想场所。其次，冰川的融化和退缩将原本禁锢于冰川之下的特殊微生物释放到冰川前缘新生成的无冰区生境中，这些微生物参与无冰区裸地生境的演替并存在消亡的可能。基于此，冰盖及冰川前缘作为拥有独特和巨大的微生物资源宝库，研究这些特殊生境下的微生物群落，将有利于人们发现和利用新的微生物物种及功能，并加深对气候变化影响的理解。南极无冰区生态系统，特别是陆地与近岸海域生态系统对气候快速变化下冰川退缩、融水注入的响应机制研究，有助于加深对气候变化影响的理解，并为生态系统保护提供必需的认知（图 5.1）。其中，由不同生境微型生物构成的生物群落，对气候变化更为敏感，是研究无冰区生态系统对气候变化响应的优先关注对象。

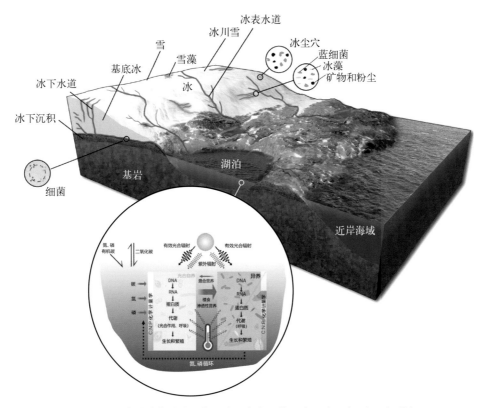

图 5.1　冰川融水影响下的无冰区生态系统示意图（罗玮、任泽提供）

5.2　冰川前缘湖泊和近岸海域微生态系统

南极沿岸海域的微型生物多样性成果大多聚焦于传统的显微观测，其中的生物多样性可能会被严重低估。南极菲尔德斯半岛海湾曾被认定为由以海洋硅藻为优势主导的微型浮游生物群落组成，而其他潜在的浮游微型生物可能被忽视。

Luo W 等（2016）首次采用小亚基核糖体 RNA（SSU rRNA）高通量测序技术，对长城站近长城湾和阿德利湾 10 个站位的微型真核浮游生物（直径小于 20 μm）进行了分析（图 5.2），并对浮游植物的营养模式进行了分析。该沿岸海域的优势微型真核生物类群以腰鞭毛类、隐藻、不等鞭毛类、塔胞藻、末丝虫（Telonema）和 *Cryothecomonas* 等浮游鞭毛类为主，这些类群也被认为在该海湾生态系统中扮演着重要的角色。长城湾和阿德利湾之间的海流也是影响各自微型浮游真核生物多样性的重要物理因素。种群多样性的聚类分析证实了这种假设。以长城站附近的长城湾为例，其为阿德利岛和菲尔德斯半岛形成的半封闭性水体，内湾站点（G1-G3）为典型的浅滩微型浮游真核生物群落；外湾的两个站点（G4、G5）则为典型的开阔水域微型浮游真核生物群落，与相对开放的阿德利湾更为相似（Luo W et al., 2016）。微型浮游植物多样性 α 指数显示，长城湾相比阿德利湾具有更为丰富的生物多样性。而对浮游细菌的研究则显示，拟杆菌门、α- 变形菌纲和 γ- 变形菌纲在群落中占有优势，并且相比阿德利湾，长城湾具有更高的叶绿素和颗粒有机碳浓度，以及较低的丰富度和生物多样性（Zeng Y X et al., 2014）。而对两个海湾微型浮游生物群落组成和共生模式的研究也表明（图 5.3），两个海湾群落结构的空间格局和显著差异清楚地反映了环境的异质性，硝酸盐和温度单独或与其他几个参数相结合，影响了群落结构（Liu Q and Jiang Y, 2020）。

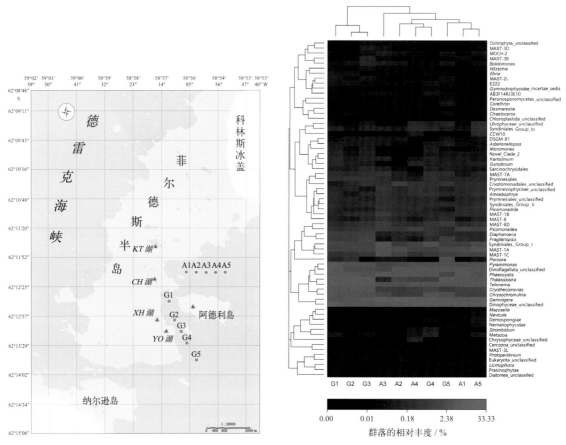

图 5.2　长城湾和阿德利湾浮游真核微型生物群落组成与多样性（Luo W et al., 2016）
KT 湖：基泰克湖；CH 湖：长湖；XH 湖：西湖；YO 湖：燕欧湖；YY 湖：月牙湖

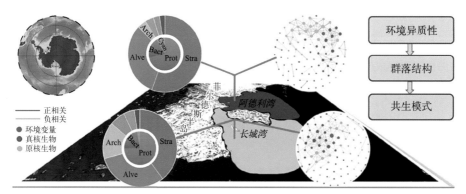

图 5.3　长城湾和阿德利湾微型浮游生物群落组成与共生模式（Liu Q and Jiang Y, 2020）
原核生物：Bact 细菌、Cyan 蓝细菌、Prot 其他原核生物；真核生物：Stra 茸鞭亚界、Alve 囊泡虫亚界、Arch 古菌

　　通过对南极湖泊中浮游真核微型生物和水环境的多年连续观测，Zhang C M 等（2022）依托中国第 34 次至第 36 次南极科学考察长城站度夏科学考察，采用 SSU rRNA 高通量测序技术，结合生态学和统计学方法，探究了 5 个冰川前缘寡营养型淡水湖泊中浮游真核微型生物的多样性和群落组装过程（图 5.4）。结果显示，相较于其他研究区域，南极淡水湖泊中具有较低的浮游真核微型生物多样性［物种丰富度：113 ~ 268，香农（Shannon）指数：1.70 ~ 3.50］。主要的优势类群为金藻、绿藻和隐藻。水环境变量解释了约 39% 的群落结构变化，其中水温和磷酸盐是驱动群落动态的重要因素（P < 0.05）。物种共现网络表现出全面的共现关系（正相关 81.82%，负相关 18.18%），显示随机过程在塑造该地区浮游真核微型生物群落的重要性。

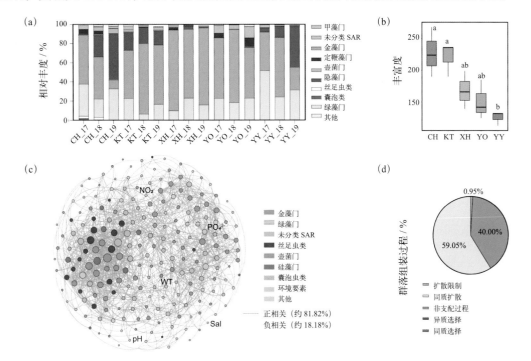

图 5.4　科林斯冰盖前缘寡营养型湖泊浮游真核微型生物群落组装过程与多样性（Zhang C M et al., 2022）
CH：长湖，KT：基泰克湖，XH：西湖，YO：燕欧湖，YY：月牙湖；（b）中 a、ab、b 代表均值差的显著性，不同字母指示两者具有显著性差异，相同字母指示两者无显著性差异；（d）中异质选择和同质选择的贡献均为 0

　　对中国第 34 次至第 36 次南极科学考察长城站度夏科学考察期间获取的菲尔德斯半岛 5 个贫营养湖泊，以及 10 个近岸海湾的水环境和浮游细菌多样性数据进行了对比分析。考察了夏季科林斯冰盖前缘的湖泊 / 海水生态系统的差异性和贯通性（图 5.5）。与冰川前缘湖泊相比，海湾群落的丰富度和香农指数均有所降低（P < 0.05），且以变形菌（Proteobacteria）、蓝藻（Cyanobacteria）和拟杆菌（Bacteroidota）为主，而冰川前缘湖泊则以拟杆菌（Bacteroidota）、放线菌（Actinobacteria）和变形菌（Proteobacteria）为主。两种水生境中浮游细菌群落结构差异主要受周转率影响。在海湾中发现的指示物种：极地杆菌属（Polaribacter）和亚硫酸盐杆菌属（Sulfitobacter）被认为更多参与硫循环。网络共现性分析显示，湖泊较海湾的群落结构更

复杂和稳定。研究确认浮游细菌群落主要由生态位塑形，尽管两类水生境间存在某种关联关系，具有相似的影响因子，但各自拥有特异的指示物种、多样性特征和共现网络。这些结果进一步加深了我们对两种典型水生生态系统中浮游细菌群落特征的理解。

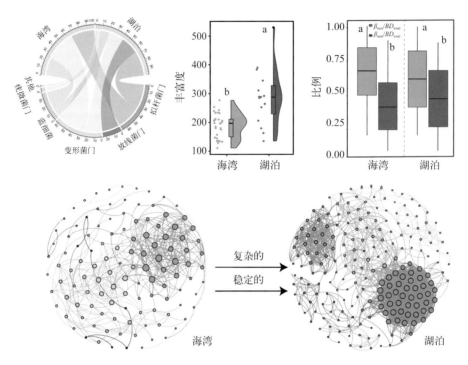

图 5.5　两种不同水生微生物多样性异同及共现性网络稳定性差异（Zhang C M et al., 2024）

a、b 代表均值差的显著性，不同字母指示两者具有显著性差异，相同字母指示两者无显著性差异

5.3　冰–雪界面有色雪生态系统

雪藻是雪冰圈中重要的初级生产者，与细菌、动物等共同维持着雪冰圈的生物地球化学循环。伴随不断变化的栖息生境，雪藻演化出多样的适应性功能，它们高效合成色素、分泌抗冻蛋白，从而降低雪冰反照率、加速雪冰融化，对雪冰圈产生反馈作用。红/绿雪在南极区域性暴发引起了越来越多的关注。研究雪藻功能和遗传多样性，有助于揭示雪藻快速响应雪冰圈变化的机理，解析雪藻群落与雪冰圈动态变化的互动机制。

Luo W 等（2020）综合显微镜观察及高通量测序方法分析了南极菲尔德斯半岛地区红/绿雪中的微生物多样性，并结合红/绿雪的物化因子进行关联性分析（图 5.6）。结果显示，其中 3 个红雪的主要微藻类群为 *Sanguina*、拟衣藻属（*Chloromonas*）和共球藻纲，另一个红雪的主要微藻类群为 *Chlainomonas*，且 *Sanguina* 和 *Chlainomonas* 均为首次在南极报道发现。绿雪中的优势藻类由共球藻纲、石莼纲和金藻组成。与有色雪藻关联的微生物群落为变形菌门和拟杆菌门。其中，极地 β– 变形菌纲单胞菌属（*Polaromonas*）是所有有色雪样中的最优势类群，特异性的藻菌关联也是支撑雪藻暴发性生长的关键因子之一。其他可能参与有色雪藻发生的环境因子包括湖水和土壤营养输入、温度和藻类孢子的传输等。

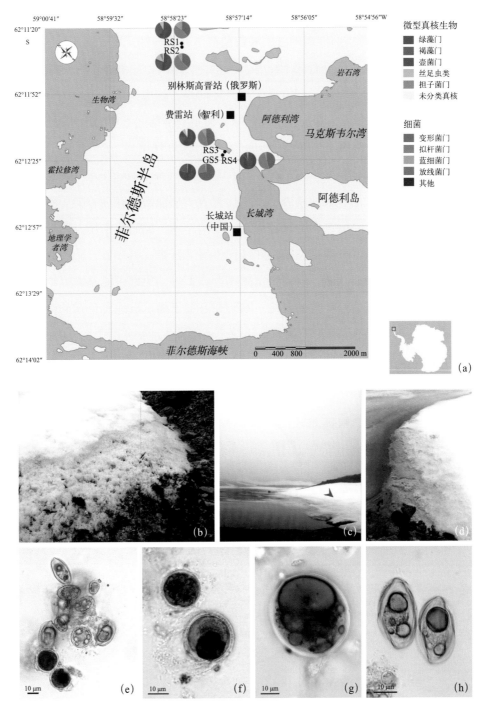

图 5.6　南极菲尔德斯半岛有色雪的主导微藻群落结构（Luo W et al., 2020）

我国学者艾晓寒等于 2020 年初在南极菲尔德斯半岛采集了绿雪和红雪样本并开展有色雪宏基因组分析，探究有色雪中微生物群落多样性、共生网络拓扑性质和功能潜力（图 5.7）。结

果表明，微藻是主导雪颜色差异的类群，红雪和绿雪的藻类群落优势门为绿藻门、蓝藻门和褐藻门，但衣藻（*Chlamydomonas*）、团藻（*Gonium*）、叶衣藻（*Lobochlamys*）等属的相对丰度存在显著差异。在域水平上，14个样本宏基因组中的细菌、真核生物和古菌序列，分别约占94.01%、5.45%和0.11%。绿雪与红雪的细菌和古菌群落α多样性无统计学差异，绿雪样本真核生物群落的辛普森(Simpon)指数显著低于红雪，真核生物、细菌和古菌群落的β多样性差异显著，微生物组成和相对丰度不同。相比于绿雪微生物共生网络，红雪群落中负相关性比例、中心度和接近中心性升高，模块性降低，稳定性下降。绿雪微生物群落网络中的小球藻属（*Chlorella*）、盘藻属（*Gonium*）、盐水杆菌属（*Salinibacterium*）和鞘氨醇杆菌属（*Sphingobacterium*），以及红雪中的盐地杆菌（*Sediminibacterium*）和花药黑粉菌属（*Microbotryum*）是较为关键的属。KEGG功能注释分析显示代谢相关的基因丰度占比较大，功能潜力存在差异。就碳、氮、磷和硫的生物地球化学循环而言，绿雪中厌氧碳固定、发酵作用、反硝化作用、碱性磷酸酶基因显著富集，有氧呼吸、多聚磷酸激酶相关基因在红雪中显著富集。碳、氮、磷和硫各功能通路主要存在于变形菌、拟杆菌和放线菌，但物种贡献度存在差异，原因可能是微生物群落通过调节物种组成来调整代谢途径以适应环境的变化。本研究有助于揭示极地有色雪的微生物群落组成及遗传潜力，进一步加深极地生物对生物地球化学循环以及环境变化的生态反应的理解。

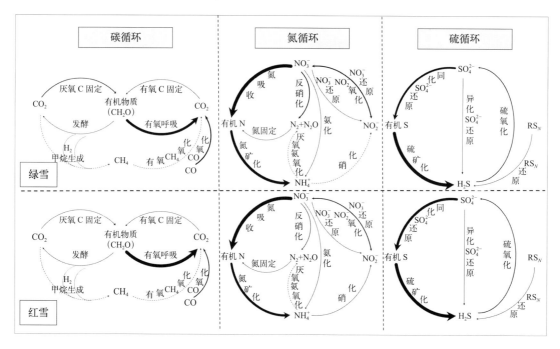

图5.7 菲尔德斯半岛采集的红雪和绿雪中碳、氮、硫循环中各通路的遗传潜力（艾晓寒等提供）

抗生素抗性基因（antibiotic resistance genes，ARGs）在红/绿雪中的多样性、组成和动态变化尚未得到研究。Ren Z等（2024）对菲尔德斯半岛采集的红雪和绿雪的抗性基因对比结果显示（图 5.8），在所有样本中共检测到 525 种抗性基因，属于 30 个抗生素类。这些抗性基因约一半（49.9%）出现在所有样本中。与红雪相比，绿雪显示出更多的 ARGs 多样性。丰度较高的 ARGs 对很多常用的抗生素具有抗性，包括多药、消毒剂和防腐剂、多肽类、异烟肼、大环内酯 – 林可酰胺链霉素（MLS）、氟喹诺酮、氨基香豆素等耐药基因。其中，多药耐药基因最为多样和丰富，抗生素外排是主要的耐药机制。在绿雪中，丰度最高的 10 个 ARGs 为 *evgS*、*sav1866*、*macB*、*Saur_rpoC_DAP*、*patA*、*mfd*、*Mtub_katG_INH*、*PmrA*、*mdtC* 和 *mdtB*。在红雪中，丰度最高的 10 个 ARGs 为 *evgS*、*sav1866*、*Saur_rpoC_DAP*、*Mtub_katG_INH*、*macB*、*patA*、*mfd*、*alaS*、*mdtB* 和 *mdtC*。进一步分析发现，绿雪中 ARGs 的组成与红雪中明显不同。对于 β 多样性而言，嵌套性（nestedness）在绿雪中贡献度更高，周转（turnover）在红雪中贡献度更高。这说明从绿雪到红雪的转变过程中，ARGs 组成变化的驱动机制不同，ARGs 组成的变化受到越来越强的环境分选的压力。此外，ARGs 与细菌的共生网络分析揭示了复杂的关系，强调了微生物群落中 ARGs 宿主的多样性。结果表明，某些 ARGs 可能有多个潜在宿主，而某些细菌可能携带多重抗性基因。观察到的绿雪和红雪共发生网络的差异表明，不同类型雪中 ARGs 与细菌之间存在迥异的宿主关系，这种动态重组可能源于环境条件或微生物竞争的变化。由于气候变化，世界各地有色雪的出现越来越多，这一研究揭示了南极绿雪和红雪中 ARGs 的奥秘和潜在影响。

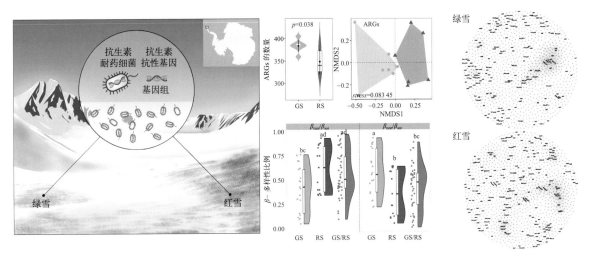

图 5.8　菲尔德斯半岛采集的红雪和绿雪抗性基因分析（Ren Z et al., 2024）

GS：绿雪，RS：红雪；a、b、bc、ad 代表均值差的显著性，不同字母指示两者具有显著性差异，相同字母指示两者无显著性差异

5.4　小结与展望

对冰川前缘生境的长期监测研究，有助于我们深入了解全球气候变化对南极典型性生态系统演替的影响。冰盖及冰川前缘拥有独特和巨大的微生物资源宝库，研究这些特殊生境下的微

生物群落，有利于人们发现和利用新的微生物物种及其功能，并加深对全球气候变化影响的理解。另外，冰川退缩对南极生态系统，尤其是对陆地生态系统生物多样性及生态系统结构的影响，也是在全球气候变化下更好保护生态必须要深入研究的内容。我国对南极无冰区微生态系统的研究仍然有限，建议未来重点关注以下科学问题。

5.4.1 极地冰盖前缘水域生态系统对气候变化的响应特性和适应机制

南极的湖泊生态系统对气候快速变化的响应极度灵敏（Lyons W B et al., 2006）。在南极局部气候环境的控制和影响下，湖泊水体往往随冰雪融化、蒸发和渗漏，以及受到潮汐影响而相应变化，并且长时间的多风天气和冰雪消融形成的流水，会把大量的外源物带入湖中，使南极沿海湖泊水系成为生态脆弱带中最为敏感的环节。

针对南极无冰区不同类型湖泊生态系统（冰缘湖、冰堰湖、咸水湖、淡水湖，以及不同营养级湖泊等）应对气候变化的响应过程及其机制，以及有大量冰川融水注入的近岸海湾生态系统响应机制，建议增加无冰区不同类型湖泊的生态系统长期监测，增加冰川融化溪流生态系统的监测，增加夏季冰川融水注入速率及体量的观测。

5.4.2 通过无冰区的湖泊沉积物重构湖泊生态系统演替

沉积物记录反映了湖泊生态系统的演替，包括生物地球化学特征、生物群落组成、生物与环境的相互作用、营养级关系等。通过深入了解湖泊沉积物，不仅可以揭示南极半岛过去气候变化和生态系统演替的历史，还能为全球湖泊生态学提供新的见解，拓展湖泊生态系统演替理论。相关科学问题包括南极半岛无冰区湖泊生态系统是如何演替的，以及演替速率是如何变化的？是否存在特定的环境事件或因素，如气候变化、冰川退缩等，对演替速率产生显著影响？演替速率的变化是否与生态系统稳定性有关？建议增加不同湖泊沉积柱的采集和分析。

5.4.3 利用生态化学计量揭示湖泊营养级关系

生态化学计量理论关注生态过程中能量和关键元素（氮、磷）的流动和平衡，特别是在营养级之间的传递。环境中元素的生物可用性与生物体对元素需求之间的动态关系，将影响生态系统的生物地球化学循环、营养级关系、生态系统结构与功能等方方面面。因此，南极半岛的低温、低营养条件为探索生态化学计量和营养级关系提供了理想的实验场所。研究结果有助于发展这一理论，并对全球生态系统中元素循环的理解提供新的视角。相关科学问题包括：在南极半岛极端低温和低营养的条件下，生态系统中的化学元素循环如何进行？生物体对关键元素的需求和利用是否存在独特的适应性？不同营养级之间的生态化学计量关系如何？建议增加化学计量指标的测定，包括水体和生物体的碳、氮、磷，以及浮游动植物及鱼类的群落及稳定碳、氮同位素的采样分析。

5.4.4　红／绿雪华对极地生物地球化学的影响

红／绿雪华通过改变雪面反照率，对气候变化具有强烈的正反馈效应。然而，红／绿雪华对极地生物地球化学过程的影响尚属未知，尤其是其生态化学计量特征。红／绿雪华的出现频率和面积越来越大，其影响也超出了极地区域。通过研究红／绿雪华暴发和发展过程中微生物驱动的生物地球化学过程，深入了解其产生的生态影响。相关科学问题包括：全球气候变化下越来越高发的红／绿雪华是如何影响极地生物地球化学过程的？红／绿雪华的发展演变过程中不同基因型的生态功能差异是什么？建议增加对红／绿雪华暴发全过程的生物群落和理化指标的监测。

5.4.5　南极无冰区土壤生态系统的发育过程

随着无冰地区开始融合，孤立的无冰地区将合并，可能使某些物种扩大甚至跨越生物地理鸿沟。栖息地的扩大和连通性的增加通常被认为对生物多样性的改变起积极影响，但不断增加的连通性可能会对本地生物群落造成破坏性影响，最终可能导致区域尺度的生物同质化加剧、竞争性较低的物种灭绝，以及入侵物种的扩散。南极半岛已经成为整个南极大陆面临非本地物种入侵风险最高的区域。相关科学问题包括无冰区扩大和连通性的增加对土壤生态系统格局的演替机制及对原有生物地理分布格局的影响。建议增加对冰川退缩前缘土壤样方的监测，增加对土壤生物结皮的研究，认知南极冰川退缩前缘土壤发育的过程和演替机制。

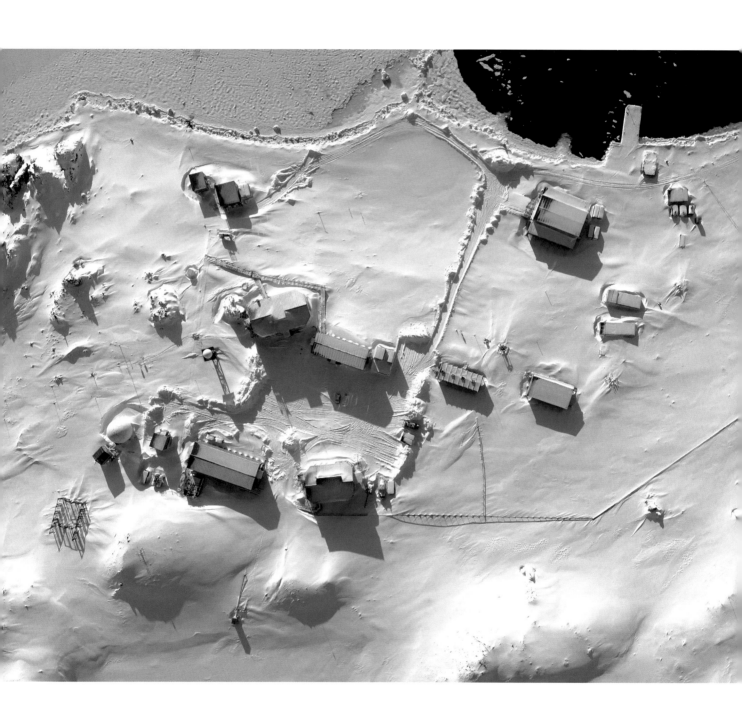

第6章

南极菲尔德斯半岛新污染物赋存状况与环境行为

　　南极是地球上"最后一块净土",然而受大气输运和人类活动等影响,除重金属等传统污染物外,持久性有机污染物等新污染物在南极的赋存状况受到了国际社会极大的关注。本章对菲尔德斯半岛持久性有机污染物、微塑料和抗生素抗性基因等新污染物的赋存和环境行为进行了综合分析,提供了对新污染物在该半岛地区的基础认知。

6.1 南极菲尔德斯半岛持久性有机污染物

6.1.1 多环芳烃

6.1.1.1 环境多介质赋存特征

多环芳烃（PAHs）作为一类持久性有机污染物，由两个或多个芳环稠合在一起，通常称为稠环化合物，具有强烈的"三致"（致突变、致癌和致畸）效应。20世纪80年代，美国国家环境保护局（U.S. EPA）列出了16种多环芳烃，作为环境中的优先控制污染物。

马新东等（2014）于2009年1—3月采集了南极菲尔德斯半岛地区的湖水、海水、雪、土壤、苔藓、企鹅粪便及生物样品，对其中16种PAHs进行了分析，考察了不同环境介质中PAHs的含量分布特征及其环境行为。该地区水体中的PAHs总浓度为34.9 ~ 346 ng/L（均值为184 ng/L），土壤中的PAHs总浓度为68.9 ~ 374 ng/g DW[①]（均值为188 ng/g DW），苔藓中的PAHs总浓度为122 ~ 894 ng/g DW（均值为251 ng/g DW），企鹅粪便中的PAHs总浓度为197 ~ 293 ng/g DW（均值为245 ng/g DW），不同生物体中的浓度为137 ~ 443 ng/g DW（均值为265 ng/g DW）。其中，水体中的总PAHs含量水平（除Nap、Ace、Acp外）与南极罗斯海的PAHs含量水平相当（5.1 ~ 69.8 ng/L）；土壤中的PAHs含量水平与南极其他地区土壤中的PAHs含量水平相当，与北极新奥尔松地区的PAHs浓度接近（中值为191 ng/g DW），但略低于珠穆朗玛峰的PAHs浓度（168 ~ 595 ng/g DW），远低于人口密集地区的PAHs含量水平；苔藓和粪便中的总PAHs含量水平与北极新奥尔松地区接近（中值分别为249 ng/g DW和160 ng/g DW），其中苔藓中的总PAHs含量低于我国南岭北坡（均值为640.8 ng/g DW），远低于欧洲地区（910 ~ 1920 ng/g DW）。整体上南极菲尔德斯半岛地区的PAHs含量水平与南极其他地区的含量水平相当，远低于中低纬度人口密集地区，其中苔藓、粪便和生物体中的PAHs含量水平相对土壤略微偏高。

Na G S等（2011）基于主成分分析结果发现，冰雪中2环和3环PAHs是主要组成成分，暗示其来源为大气传输和燃料燃烧。根据美国国家环境保护局推荐的风险系数（RQ）计算，荧蒽、䓛、苯并（a）芘、二苯并（a，h）蒽、茚并（cd）芘和苯并（ghi）芘无风险，而其他的单体处于中等风险水平。马新东等（2014）发现，企鹅粪土中2环和3环PAHs的比例差别较小，均超过0.75（分别为81.9%和77.7%），而企鹅肌肉中5环和6环的比例为粪土中的4倍。

6.1.1.2 环境行为

PAHs的长期残留性以及半挥发性，使其容易在温度推动力下，随着大气和洋流作用，向极地偏远地区迁移，使极地成为大气污染物的重要聚合区。PAHs的气－固分配系数（K_p）、正辛醇－

---

① DW表示样品干重。

空气分配系数（K_{OA}）和正辛醇－水分配系数（K_{OW}）是影响其在不同环境介质中行为和归趋的最主要参数。当 PAHs 在大气中气相和颗粒相分配达到平衡时，PAHs 的 K_P 对数值与其过冷饱和蒸气压的对数值成反比。通过分析发现，随着分子量的减小，气相中的 PAHs 越容易在苔藓中富集；分子量越大，颗粒相中的 PAHs 越容易在土壤中富集；随着 K_{OW} 对数值增大，高分子量 PAHs 更容易在生物体内富集，这也是企鹅肌肉中 5 环和 6 环 PAHs 的比例为企鹅粪土中 4 倍的原因。

6.1.2 多氯联苯

6.1.2.1 环境多介质赋存特征

多氯联苯（PCBs）是首批列入《斯德哥尔摩公约》的持久性有机污染物（POPs）。因 PCBs 具有持久性、长距离传输性、高毒性及生物积累性，对生态环境与人体健康产生的威胁引起社会持续关注。

Hao Y F 等（2019）对 2010—2018 年菲尔德斯半岛的 PCBs 进行了连年大气监测，PCBs 浓度见表 6.1。在 7 个点位测定的 19 种 PCBs 总浓度范围为 1.5 ~ 29.7 pg/m³（中值 10.4 pg/m³），指示性 PCBs 浓度范围为 0.6 ~ 10.4 pg/m³（中值 3.7 pg/m³）。该研究中 PCBs 浓度与南极洲其他地区报道水平相当，低氯代 PCBs 占据主要成分。如图 6.1 所示，西南极半岛大气中的 PCBs 在时间分布上呈现出显著下降趋势，说明《斯德哥尔摩公约》在消除全球大气中的 POPs 方面具有一定的成效性。

表 6.1 2010—2018 年菲尔德斯半岛大气中的 PCBs 浓度（Hao Y F et al., 2019）

单位：pg/m³

采样时间	2010 年 12 月至 2011 年 12 月	2011 年 12 月至 2012 年 12 月	2012 年 12 月至 2013 年 12 月	2013 年 12 月至 2014 年 12 月	2014 年 12 月至 2015 年 12 月	2015 年 12 月至 2017 年 2 月	2017 年 2 月至 2018 年 1 月
范围	9.1 ~ 23.0	9.9 ~ 22.3	16.4 ~ 29.7	11.1 ~ 12.9	4.4 ~ 11.4	5.0 ~ 16.2	1.5 ~ 7.0
（中值，均值）	(17.3, 15.8)	(11.1, 12.8)	(19.7, 21.4)	(11.9, 11.9)	(4.7, 6.3)	(6.7, 8.5)	(1.9, 2.7)

此外，Wang P 等（2017）测定了大气中气相与颗粒相 PCBs，总浓度范围为 5.87 ~ 72.7 pg/m³。Wang P 等（2012）曾对土壤、地衣和苔藓中的 PCBs 进行监测，其浓度分别为 0.1 ~ 1436 pg/g DW、404 ~ 745 pg/g DW 和 406 ~ 952 pg/g DW。在菲尔德斯半岛周边海域，Gao X Z 等（2018）报道了海水中可定量的 5 种 PCBs，浓度范围从未检出（ND）至 1.50 ng/L；Wolschke H 等（2015）在生物介质中检测到了二噁英类 PCBs，包括鱼类（32.2 ~ 191 pg/g DW）、企鹅（91.8 ~ 3370 pg/g DW）与贼鸥（7090 ~ 85 800 pg/g DW）。

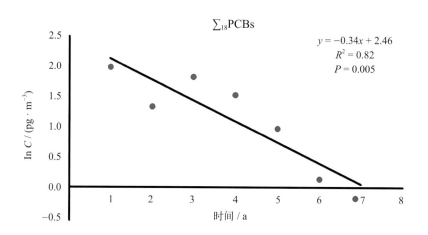

图6.1　大气中PCBs浓度（对数）与时间的回归分析（Hao Y F et al., 2019）

6.1.2.2　环境行为

南极地区远离人类居住区域，受工业活动影响极少，其环境中赋存的POPs来源尚不明确。Wang P等（2023）通过单体氯同位素分析（CSIA-Cl）技术进行了来源解析，检测到南极大气中PCBs的$\delta^{37}Cl'$值范围为$-137‰ \sim 9.04‰$，远低于城市大气和PCBs商业产品。数据的较大差异表明，南极大气中PCBs的来源不同于其他有机污染物，主要是受到大气长距离输运而非科学考察站人类活动的影响。

6.1.3　多溴联苯醚

6.1.3.1　环境多介质赋存特征

多溴联苯醚亦称多溴二苯醚（PBDEs），是一种典型的添加型卤代阻燃剂，在生产生活中用途较为广泛。在2009年和2017年，几类PBDEs陆续列入《斯德哥尔摩公约》限制清单中。

近年来，学者对南极菲尔德斯半岛PBDEs的赋存与环境行为开展了一系列研究。Wang P等（2017）和Hao Y F等（2019）分别对大气中连续3年的PBDEs（27种）和连续8年的PBDEs（12种）进行了监测，浓度水平分别为$0.60 \sim 16.1$ pg/m³和$0.2 \sim 2.9$ pg/m³，时间分布上并无明显趋势。Sun H Z等（2022）测定了陆地环境中的PBDEs（表6.2），包括土壤（2.3 ～ 20 pg/g DW）和植物（3.9 ～ 33 pg/g DW）；此外，Sun H Z等（2020）还对底栖海洋食物网中的PBDEs进行了分析（表6.2），食物网生物中的PBDEs浓度为$0.33 \sim 16$ ng/g LW[①]。

---

① LW表示脂重。

表 6.2　菲尔德斯半岛环境与生物介质中 PBDEs 浓度（Sun H Z et al., 2020, 2022）

环境与生物介质	土壤	粪土	地衣	苔藓	发草
均值与范围 / (pg·g⁻¹ DW)	4.8（2.3 ~ 9.2）	13（6.0 ~ 20）	19（7.8 ~ 29）	17（3.9 ~ 33）	15（12 ~ 18）

环境与生物介质	沉积物	海藻	帽贝	海星	犬牙鱼
均值与范围 / (ng·g⁻¹ DW)	0.4	1.5（0.30 ~ 4.7）	1.0（0.06 ~ 3.7）	0.34（0.07 ~ 1.1）	4.7（0.41 ~ 31.3）

6.1.3.2　环境行为

为探讨污染物在南极地区多环境介质中的迁移转化行为并评估其生物富集能力，Sun H Z 等（2020, 2022）对陆地环境的土 – 植体系与海洋环境的底栖食物网中 PBDEs 的生物积累与营养级传输进行了系统研究。陆地环境中，土壤的总有机碳含量（TOC）与其 PBDEs 浓度呈现显著的正相关，表明 TOC 是影响土壤中 PBDEs 分布的主要因素，而植物的脂肪含量仅与个别 PBDEs 单体存在显著正相关关系。地衣、苔藓和南极发草中 PBDEs 的生物积累系数（BAF）分别为1.29、2.60 和 1.05，均大于 1，表明 3 种植物对土壤中的 PBDEs 均具有富集能力。

海洋底栖食物网中，4 种底栖生物（海藻、帽贝、海星和犬牙南极鱼）中 PBDEs 的生物 – 沉积物积累系数（BSAF）范围为 0.88 ~ 12.3，表现出从沉积物至生物体的富集行为。根据化合物浓度与生物营养级间的回归分析计算出 PBDEs 的营养级放大因子（TMF），以探究其营养级传输行为。总 PBDEs 未表现出明显的营养级传输行为，但如图 6.2 所示，单体 BDE-154 的 TMF 值为 2.4（$p < 0.05$），大于 1，表明其存在显著的营养级放大趋势。污染物的环境迁移与生物富集是受到多种因素影响的综合效应，PBDEs 在南极地区的环境行为仍需进一步研究。

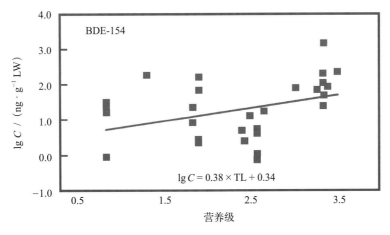

图 6.2　海洋底栖食物网中 PBDEs 浓度（对数）与营养级的回归分析

（Sun H Z et al., 2020）

6.1.4 得克隆

6.1.4.1 环境多介质赋存特征

Na G S 等（2017）分析了中国第 30 次南极科学考察中得克隆（DP）在长城站区域大气、水体、土壤等环境介质中的浓度。长城站地区大气中 DP 总含量较低，大气气相中 DP 的总浓度范围为 0.896 ~ 23.913 pg/m³，颗粒相中 DP 的总浓度范围为 0.148 ~ 14.936 pg/m³。海水、湖水、雪水、土壤等介质中的浓度（表 6.3）也明显低于长城站同介质中 PAHs、PCBs 等传统有机污染物的浓度。

表 6.3　菲尔德斯半岛各介质中 DP 含量分布

介质	总浓度			单体浓度比例 / %				
	最小值	最大值	均值	得克隆 602（Dec602）	得克隆 603（Dec603）	得克隆 604（Dec604）	顺式得克隆（syn-DP）	反式得克隆（anti-DP）
海水水相 /（pg·L⁻¹）	85.9	4821.9	1010.6	1.3	54.7	5.3	16.7	22.0
海水颗粒相 /（pg·L⁻¹）	37.5	1418.6	405.7	0.6	4.6	19.4	41.6	33.7
湖水水相 /（pg·L⁻¹）	151.3	477.0	282.5	3.7	10.9	19.0	30.1	36.2
湖水颗粒相 /（pg·L⁻¹）	36.9	57.7	46.7	0.0	0.0	15.9	64.0	20.1
雪水水相 /（pg·L⁻¹）	56.3	780.0	280.8	0.8	5.5	23.4	44.3	26.0
雪水颗粒相 /（pg·L⁻¹）	526.3	2525.0	1713.9	0.2	14.4	15.3	57.0	13.0
土壤 /（pg·g⁻¹）	97.2	2250.5	447.8	0.4	3.4	33.3	33.4	29.5
植被 /（pg·g⁻¹）	—	3592.7	645.2	0.1	1.2	15.1	64.9	18.7
生物 /（pg·g⁻¹）	99.4	39 516.1	3509.0	19.9	0.5	58.6	14.0	7.0

注："—"表示未检出。

空间分布方面，海上的船舶污染对阿德利湾和长城湾海域 DP 含量具有明显影响，使阿德利湾和长城湾均有一个站点的海水中 DP 总浓度较高，这两个站点经常作为舰船的锚地。土壤中 DP 分布规律受人类活动影响显著，基本呈现站区、机场附近含量较高并向四周递减的趋势（图 6.3）。

6.1.4.2 环境行为

Na G S 等（2017）进一步分析了 DP 在菲尔德斯半岛 9 种代表性生物体内的富集、放大行为。如图 6.4 所示，南极生物群落中 DP 浓度范围为 0.25 ~ 6.81 ng/g LW。*anti*-DP 和 *syn*-DP 浓度与营养级呈显著正相关（$p < 0.05$，$r_a = 0.85$；$r_s = 0.81$），表明 *syn*-DP 和 *anti*-DP 存在生物放大作用，*anti*-DP 的生物放大能力高于 *syn*-DP。生物体的 *anti*-DP 部分（*anti*-DP / ∑DP）（$f_{anti} = 0.23 ~ 0.53$）低于商业产品（$f_{anti} = 0.68$），证明 f_{anti} 在远距离大气迁移或通过食物网

立体选择富集期间发生了变化。此外，基于 DP 和多氯联苯（PCBs）之间的食物网放大系数（FWMF）比较，发现 DP 的生物放大潜力与高氯代的 PCBs 相似。

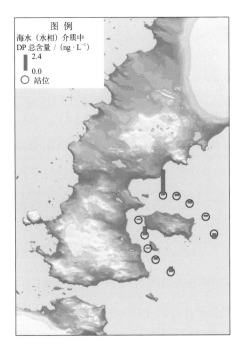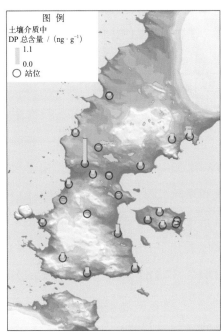

图 6.3 海水和土壤中 DP 的空间分布

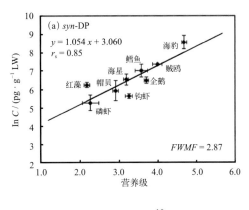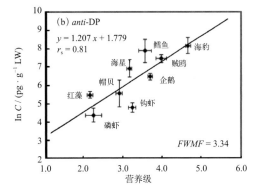

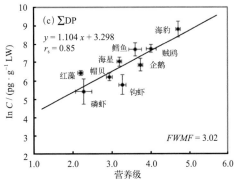

图 6.4 营养级异构体的自然浓度对数回归

6.1.5 六溴环十二烷

六溴环十二烷（HBCDs）是全球广泛使用的一种添加型溴代阻燃剂，主要用于膨胀聚苯乙烯（EPS）、挤塑聚苯乙烯（XPS）、高抗冲聚苯乙烯（HIPS）等材料的阻燃。2013 年，联合国环境规划署（UNEP）将 HBCDs 列入《斯德哥尔摩公约》，禁止其生产和使用。

李红华等（2023）研究了 HBCDs 在南极菲尔德斯半岛和阿德利岛的分布。菲尔德斯半岛和阿德利岛的土壤、苔藓、地衣、粪土、海洋沉积物和海洋生物样品的 HBCDs 检测结果见表 6.4。土壤、粪土和海洋沉积物中 HBCDs 浓度范围分别为 7.10 ~ 792 pg/g DW、113 ~ 181 pg/g DW 和 41 pg/g DW。苔藓和地衣样品中的 HBCDs 浓度范围分别为 102 ~ 951 pg/g DW 和 23.4 ~ 106 pg/g DW。褐藻和海草样品中的 HBCDs 浓度平均值高于苔藓、地衣、土壤、粪土和海洋沉积物样品。帽贝样品的 HBCDs 检出率为 90%，浓度范围为 < LOD（检出限） ~ 15.4 ng/g LW；海星样品有 80% 检出了 HBCDs，浓度范围为 < LOD ~ 43.3 ng/g LW；端足样品有 60% 检出了 HBCDs，浓度范围为 < LOD ~ 43.8 ng/g LW；南极蛤样品的 HBCDs 浓度范围为 < LOD ~ 37.8 ng/g LW；鱼肉样品的 HBCDs 浓度范围为 < LOD ~ 10.2 ng/g LW。

表 6.4　南极菲尔德斯半岛和阿德利岛采样信息和 HBCDs 检测结果

采样点编号	采样点	经纬度	样品类型	检出数/样品数	α-HBCD	β-HBCD	γ-HBCD	ΣHBCDs
A1	灯塔	62°12′37″S, 58°55′37″W	土壤	1/1	—	—	7.10	7.10
			粪土	2/2	58.9 ± 26.7	12.0 ± 2.30	98.4 ± 12.2	169 ± 16.8
			苔藓	2/2	173 ± 245	31.0 ± 43.8	145 ± 60.5	349 ± 350
			地衣	1/1	—	—	27.1	27.1
A2	阿德利岛	62°12′50″S, 58°55′13″W	粪土	1/1	29.6	—	83.6	113
			土壤	1/1	44.3	20.0	108	173
			苔藓	1/1	188	77.0	142	407
A3	碧玉滩	62°13′48″S, 58°59′07″W	土壤	1/1	—	—	9.60	9.60
			苔藓	1/1	92.5	—	65.3	158
A4	八达岭	62°13′12″S, 58°57′48″W	土壤	1/1	—	11.3	51.0	62.3
			苔藓	1/1	407	97.3	447	951
A5	月牙湖	62°12′45″S, 58°56′26″W	土壤	1/1	15.8		27.1	42.9
			苔藓	1/1	46.4	42.2	254	343
			地衣	1/1	—		36.9	36.9

续表

采样点编号	采样点	经纬度	样品类型	检出数/样品数	α-HBCD	β-HBCD	γ-HBCD	ΣHBCDs
A6	香蕉山	62°13′45″S, 58°59′29″W	土壤	1/1	347	78.4	367	792
			地衣	1/1	—	—	23.4	23.4
A7	海豹湾	62°12′30″S, 58°59′59″W	土壤	1/1	—	—	11.8	11.8
			地衣	1/1	—	—	30.7	30.7
			苔藓	1/1	72.4	17.0	54.8	144
A8	半边山	62°12′19″S, 58°57′17″W	地衣	1/1	61.0	9.90	34.9	106
			苔藓	1/1	70.0		53.0	123
A9	长城湾	62°12′35″S, 58°57′24″W	海洋沉积物	1/1	—	—	41.0	41.0
			海草	2/5	549 ± 1229	154 ± 343	135 ± 246	838 ± 1814
			褐藻	5/7	631 ± 897	250 ± 321	852 ± 1394	1732 ± 2277
			端足	3/5	8.77 ± 19.6	4.36 ± 7.98	1.39 ± 3.12	14.5 ± 18.1
			南极蛤	1/2	5.99 ± 8.48	1.89 ± 2.68	11.0 ± 15.6	18.9 ± 26.7
			海星	4/5	9.26 ± 19.1	—	5.72 ± 11.2	15.0 ± 18.9
			帽贝	9/10	5.47 ± 4.96	—	0.70 ± 1.63	6.17 ± 4.33
			鱼肉	3/8	0.58 ± 1.63	0.56 ± 1.59	1.32 ± 2.14	2.46 ± 3.85
			鱼肝脏	1/1	8.75	—	3.19	11.9

注：土壤、粪土、海洋沉积物、苔藓、地衣、海草、褐藻样品中 HBCDs 的浓度单位为 pg/g DW，其他样品浓度单位为 ng/g LW；样品数量大于 1 的浓度数据和回收率数据为"平均值 ± 标准偏差（SD）"；ΣHBCDs 为 α-HBCD、β-HBCD、γ-HBCD 浓度之和；"—"表示未检出。

HBCDs 在菲尔德斯半岛和阿德利岛的空间分布见图 6.5。土壤、地衣、苔藓、粪土和海洋沉积物样品中，苔藓中的 HBCDs 浓度较高，其中长城站附近采样点 A4 的浓度最高，达 951 pg/g DW。对于土壤样品，半岛南端 A6 采样点的 HBCDs 浓度（792 pg/g DW）明显高于其他采样点。菲尔德斯半岛和阿德利岛两个采样区域的地衣的污染水平相当，HBCDs 浓度均低于 110 pg/g DW。两个采样区域的苔藓样品的浓度分布存在明显差异。阿德利岛的 3 个苔藓样品的 HBCDs 污染水平十分接近，这可能与阿德利岛受人类活动影响较少有关。然而，菲尔德斯半岛的 4 个苔藓样品的 HBCDs 浓度差异较大，靠近人类活动频繁的科学考察站（A4）的污染水平远高于其他 3 个采样点。

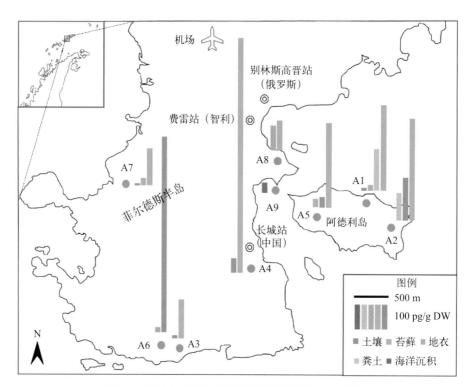

图 6.5　HBCDs 在菲尔德斯半岛和阿德利岛的空间分布

6.1.6　有机磷酸酯

6.1.6.1　环境多介质赋存特征

有机磷酸酯（OPEs）是目前全球应用非常广泛的阻燃剂之一，主要用于纺织、电子、塑料等产业。依托中国第 34 次和第 35 次南极科学考察，分析南极菲尔德斯半岛大气、海水和湖水中 11 种 OPEs 的分布和组成。菲尔德斯半岛夏季大气中 11 种 OPEs 的总浓度范围为 89.5 ~ 333 pg/m³，冬季大气中 OPEs 的总浓度范围为 52.0 ~ 451 pg/m³。其中颗粒相中 OPEs 对总浓度水平的贡献高于气相。时间变化方面，2 月末至 3 月初气相 OPEs 总浓度最高，其余时间段内采集的大气气相 OPEs 含量多数都处于其浓度水平的 50% 以下。该区域大气 OPEs 的浓度水平与 Li J 等（2017）所报道的北大西洋和北冰洋大气中 OPEs 的浓度（35 ~ 343 pg/m³）处于同一数量级，比 Castro-Jiménez J 和 Sempéré R（2018）报道的地中海及黑海大气中 OPEs 的浓度（0.4 ~ 6.0 ng/m³）低 1 ~ 2 个数量级。

如图 6.6 所示，Li R J 等（2023）发现海水中溶解态 11 种 OPEs 总浓度范围为 12.23 ~ 79.14 ng/L，各采样位点间浓度相差不大。湖水中溶解态 OPEs 总浓度范围为 8.21 ~ 135.05 ng/L，在位于阿德利岛的月牙湖中检测到最大值。该区域整体上均以磷酸三（2- 氯乙基）酯（TCEP）为主，平均占比为 58%。阿德利岛是企鹅的重要栖息地，企鹅的迁徙、捕食等活动可能是该区域 OPEs 的重要来源之一。此外，磷酸三（2- 乙基己基）酯（TEHP）可能是本地源 OPEs 的特征组成成分之一。通过主成分分析发现，大气中 OPEs 以 TCEP、磷酸三（1- 氯 -2- 丙基）酯（TCPP）和磷酸三（1，3- 二氯 -2- 丙基）酯（TDCP）为主，海水中 OPEs 以磷酸三异丁酯（TiBP）、磷酸三丁酯（TnBP）和磷酸三（丁氧基乙基）酯（TBEP）为主。

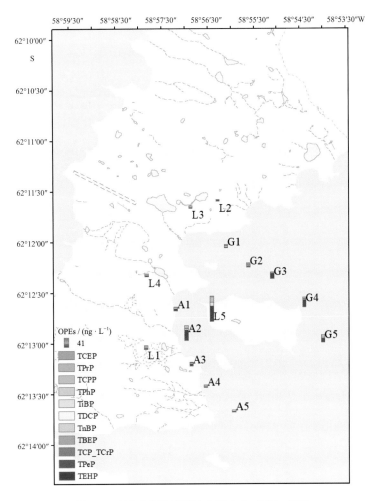

图 6.6　菲尔德斯半岛海水和湖水中 OPEs 分布

6.1.6.2　环境行为

目前，有关南极地区有机磷酸酯的文献报道较少，Li R J 等（2023）分析了菲尔德斯半岛 10 种 OPEs 海－气交换净通量 F_{aw}（$\sum_{10}$OPEs）为 1.31 ng /（m² · d），发现大气 OPEs 传输方向为由海水向大气挥发，其中 TiBP 的挥发通量最大。大气中 OPEs 干沉降通量（$\sum_{dry}$OPEs）为 7.75 ng /（m² · d），主要沉降单体为磷酸三苯酯（TPhP）。大气干沉降通量显著高于海－气交换净通量，这说明菲尔德斯半岛仍为 OPEs 远距离传输的"汇"。Cheng W H 等（2013）发现，在东南极冰盖雪样当中可检测出 TCEP，证明其具备长距离迁移能力，并指出近岸海域可能为冰盖中 TCEP 的来源之一。另外，东南极冰盖上的有机磷酸酯传输主要受大气活动控制，并且其浓度随与污染源的距离增加而降低。有机磷酸酯在南极内陆沉降后会受到当地积累率的影响，在高积累率地区的雪中被稀释而在低积累率地区的雪中被富集。

6.1.7　全氟和多氟烷基化合物

全氟和多氟烷基化合物（PFASs）在南极半岛的赋存及环境行为研究已有相关报道，涵盖的 PFASs 单体主要包括 C4 ~ C16 全氟羧酸、C4 ~ C10 全氟磺酸以及氟调聚醇等挥发性 PFASs。南极半岛环境及生物样本中 PFASs 的总浓度如图 6.7 所示，其中 PFASs 在冰雪以及水样中的浓度范围为 1 ~ 4 ng/L，在沉积物及生物样本中的浓度范围为 0.5 ~ 5 ng/g DW，与其他中低纬度地区相比，其浓度总体处于较低水平。

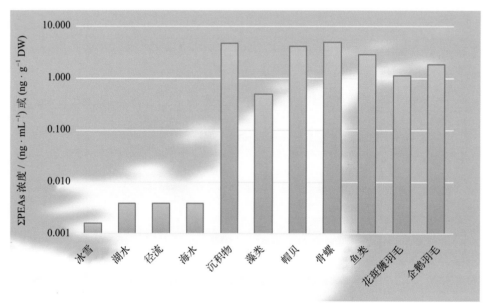

图 6.7　南极半岛环境及生物样本中 PFASs 的总浓度

冰雪、湖水、径流、海水的浓度单位为 ng/mL，沉积物、藻类、帽贝、骨螺、鱼类和羽毛的浓度单位为 ng/g DW

Cai M 等（2012）发现，全氟丁酸（PFBA）是南极菲尔德斯半岛冰雪、湖水和冰川径流中 PFASs 最主要的单体，平均浓度分别为 0.52 ng/L、2.3 ng/L 和 1.4 ng/L，而在海水中并未检出 PFBA，表明南极菲尔德斯半岛环境介质中的 PFBA 主要来源于大气长距离传输，同时挥发性前体物的降解也是影响 PFBA 在南极环境中赋存的重要因素。Del Vento S 等（2012）发现，挥发性 PFASs 可通过大气长距离传输进入南极，其中短链挥发性前体物的浓度处于较高水平（3 ~ 4 pg/m³），且由于短链挥发性前体物具有更短的大气半衰期，因此更容易转化为短链全氟羧酸 / 磺酸。在大气长距离传输过程中，海浪气溶胶对 PFASs 具有极强的富集效应（富集系数为 552 ~ 4690），能够加强 PFASs 向南极的大气长距离传输（Casas G et al., 2020），而降雪则是南极半岛 PFASs 输入的主要途径（Casal P et al., 2017）。除了大气长距离传输以外，当地的点源污染也是 PFASs 的重要来源之一。全氟辛酸（PFOA）在南极菲尔德斯半岛海水中的最高浓度可达 15 ng/L，远高于其他 PFASs 单体，表明当地废水的排放可能是附近海水中 PFOA 的主要来源（Cai M H et al., 2012）。Wild S 等（2015）发现南极科学考察站附近环境中 PFASs 浓度随科学考察站距离的增加而减小，表明南极科学考察站是南极半岛 PFASs 的重要污染源。

Gao K 等（2020）系统研究了南极半岛生物样本中 PFASs 的赋存和食物链放大效应。PFASs 在菲尔德斯半岛沉积物、藻类、帽贝、骨螺和鱼类中的总浓度分别为 4.8 ng/g DW、0.50 ng/g DW、4.1 ng/g DW、5.0 ng/g DW 和 2.9 ng/g DW，其中 PFBA 为主要的组成成分，在所有生物样本中的占比为 22% ~ 57%。此外，该研究还发现，短链 PFASs（C4 ~ C7 全氟羧酸）在食物链中不存在生物放大效应，而全氟己基磺酸（PFHxS）和全氢辛烷磺酸（PFOS）在南极食物链中存在生物放大效应，其营养放大因子分别为 2.1 和 2.9，因此更容易在该地区高营养级动物中蓄积。鉴于传统 PFASs 的限制，全球新型 PFASs 替代品的产量将会持续增加，新型 PFASs 在南极环境中的赋存及其可能对南极生态系统带来的潜在风险仍需进一步研究。

6.2　南极菲尔德斯半岛微塑料

微塑料（粒径小于 5 mm）作为海洋中一类新污染物，具有分布广、降解慢、毒理复杂等特点，成分多为聚丙烯（PP）、聚乙烯（PE）、聚氯乙烯（PVC）、聚对苯二甲酸乙二醇酯（PET）和聚苯乙烯（PS）。它们在海洋中广泛分布，既是海洋污染物，又容易吸附有毒污染物；大部分可悬浮在水体表面，影响海洋浮游植物对太阳光的利用；同时还可附着在生物表面或被生物摄食，影响其生长发育以及生态系统结构和功能，并通过食物链危害人类健康（Elisa B et al., 2020），目前已得到国际社会的广泛关注。

Lozoya J P 等（2022）从菲尔德斯半岛西北部海滩 5 个 50 cm × 50 cm 表层沉积物样方中，共鉴定出中型塑料（≥5 mm）105 件、大颗粒微塑料（1 ~ 5 mm）188 件，共计 293 件。呈不均匀分布，平均密度达（234.4 ± 166）件 / m²，比南极洲其他地区高一个数量级，平均干重为（2.5 ± 2.3）g/m²。类型组成及各类型数量、密度和质量见表 6.5。其中，泡沫、次生碎片和颗粒为塑料主要形态，分别占 163 件（55.6%）、73 件（24.9%）和 55 件（18.8%）。热塑性塑料和橡胶片各有 1 件。化学成分主要为聚苯乙烯、聚乙烯和聚丙烯 3 种，其中泡沫被归为聚苯乙烯（Lozoya J P et al., 2022）。

鉴定的塑料粒径范围为 1.93 ~ 19.36 mm，平均为（5.3 ± 2.9）mm。其中，泡沫、碎片和颗粒的平均粒径分别为（5.8 ± 2.9）mm、（5.2 ± 3.3）mm 和（4.3 ± 0.8）mm（图 6.8）。发现数量最多的为 3 mm 粒径的塑料，共计 83 件，占总量的 28.3%。

我国尚未在该地区开展微塑料研究。

表 6.5　菲尔德斯半岛海滩各种形状塑料碎片的密度和质量（Lozoya J P et al., 2022）

类型	数量 / 件	密度 /（件·m⁻²）			质量 /（g·m⁻²）		
		均值	中值	SD	均值	中值	SD
泡沫	163	130.4	108	76.3	0.446	0.516	0.2
碎片	73	58.4	48	56.0	0.898	0.594	1.1
颗粒	55	44.0	16	50.5	0.679	0.246	0.9
热塑性塑料	1	0.8	—	1.8	0.188	—	0.4
橡胶片	1	0.8	—	1.8	0.299	—	0.7

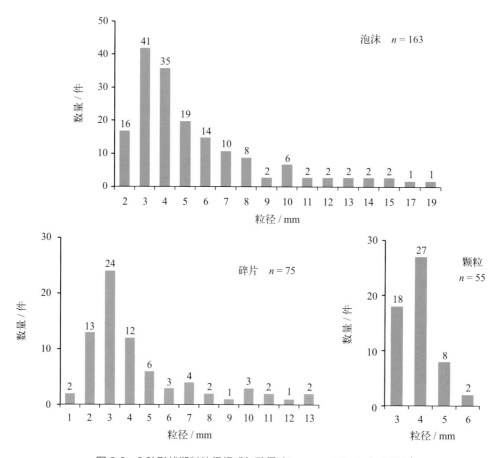

图 6.8　3 种形状塑料粒径组成与数量（Lozoya J P et al., 2022）

6.3　南极菲尔德斯半岛抗生素抗性基因

抗生素抗性基因（ARGs）作为一种新型污染物（Pruden A et al., 2006），它的出现与传播作为 21 世纪全球最大的公共卫生问题之一，严重威胁了全球公共健康与经济发展。ARGs 兼具"可复制并传播"的生物特性以及"不易消亡、环境持久"的物理化学特性，其所带来的生态威胁较普通化学污染物更直接，也更难控制和消除（Hernando-Amado S et al., 2019）。依托中国南极科学考察，Na G S 等（2019）分析了南极地区土壤、沉积物以及企鹅、鸟和海豹等动物粪土中 ARGs 和抗生素抗性细菌（ARB）的赋存状况（图 6.9），以及北极地区土壤、沉积物和藤壶鹅等动物粪土中 ARGs 和 ARB 的赋存情况，解析了南极的源 / 汇角色。结果显示，南极多环境介质中普遍存在抗生素抗性污染问题，磺胺类抗性基因（sul1）在各介质的检出率高达 100%，土壤中 ARGs 的绝对丰度一般为 $8.91 \times 10 \sim 1.58 \times 10^3$ copies/g，沉积物中 ARGs 的绝对丰度为 $1.03 \times 10^2 \sim 7.95 \times 10^2$ copies/g，动物粪便中 ARGs 的绝对丰度为 $5.45 \times 10^2 \sim 1.81 \times 10^3$ copies/g。同时，分析了 ARGs int1 相对丰度与 ARGs sul1 的关系，发现 ARGs sul1 相对丰度与 ARGs int1 具有正相关性。与受人类活动影响频繁的区域相比，南极地区 ARGs 丰度远低于低纬度地区。

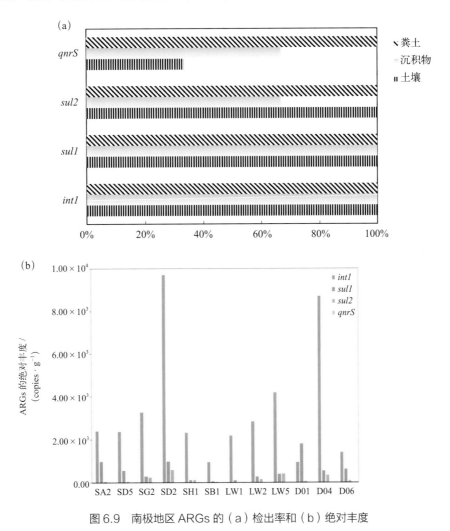

图 6.9　南极地区 ARGs 的（a）检出率和（b）绝对丰度

培养南极土壤和沉积物中抗生素抗性微生物，经菌种鉴定，结果表明（Na G S et al., 2021），南极地区普遍存在磺胺二甲基嘧啶和环丙沙星抗性微生物，其最高丰度分别为 52 CFU（菌落形成单位）/g、80 CFU/g，与受人为活动影响的低纬度区域相比，南极地区污染水平较低（图 6.10）。

同时，通过对比不同站位点抗性微生物的耐药率，南极地区 ARB 的丰度水平受人为活动和动物迁徙的影响。进一步构建系统进化树（图 6.11），得出南极地区大部分 ARB 属于变形菌门（Protectorate），其中假单胞菌属（*Pseudomonas*）细菌在磺胺二甲基嘧啶抗性微生物中表现出非常明显的优势。

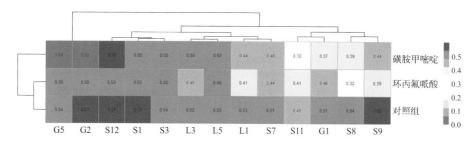

图 6.10　南极地区抗生素抗性微生物丰度热图

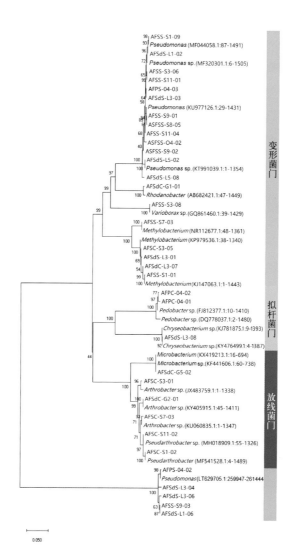

图 6.11　南极抗生素抗性微生物的系统进化树

对菲尔德斯地区 11 个淡水样本和 28 个海水样本 ARGs 谱进行了表征，共检测到属于 15 种 ARGs 类型的 114 种 ARGs 亚型。淡水和海水的 ARGs 谱存在显著差异：淡水中，占主导地位的 ARGs 与多药耐药性和利福霉素耐药性有关。相关研究结果将有助于更好地评估 ARGs 污染与南极水生环境中人类健康的关系（Zhang T et al., 2022a）。

6.4　冰雪中新污染物的环境光化学转化

日光引发的光化学反应对有机污染物的转化起重要作用。Ge L K 等（2016a）和葛林科等（2015）测定并比较了南极、北极和大连的光强（表 6.6），结果表明，南极、北极夏天紫外光尤其强烈，甚至比大连仲冬正午还要强，光降解可能是极地冰雪中 PAHs 及其衍生物（SPAHs）等有机污染物的主要消减方式。继而，研究测定了 4 种羟基多环芳烃（OH-PAHs）的表观光解 Φ（$7.48 \times 10^{-3} \sim 4.16 \times 10^{-2}$），并将其外推，借助室外验证实验，得到南极、北极夏天中午冰雪表面 OH-PAHs 的光降解 $t_{1/2}$ 为 0.08 ~ 54 h。

表 6.6　南极、北极和大连晴天中午太阳光在 365 nm 和 420 nm 处的
平均光强（I）及其比值（I_{365}/I_{420}）

光强测定地点、时间	I_{365} / (mW·cm^{-2})	I_{420} / (mW·cm^{-2})	I_{365}/I_{420}
南极长城站，夏季中午 （62°S，59°W；2014 年 1 月）	2.16	3.81	0.57
北极黄河站，夏季中午 （79°N，12°E；2015 年 7 月）	1.61	3.54	0.46
中国大连，冬季中午 （39°N，121°E；2014 年 1 月）	1.31	2.90	0.44

Ge L K 等（2016a, 2016b, 2023）比较研究了冰中和水中 OH-PAHs 光化学转化的动力学、主要溶解性物质的影响，以及转化产物和路径。在光照作用下，冰中 OH-PAHs 发生光化学转化，所涉及的转化路径为脱氢氧化、异构化和苯环羟基化。其中，9- 羟基芴既可以通过脱氢氧化生成 9- 芴酮，又可以发生异构化生成 2- 羟基芴；产物 9- 芴酮容易被羟基化，继而生成了苯环不同位置羟基取代的 3 种同分异构体。9- 羟基菲、1- 羟基芘等其他 3 种 OH-PAHs 也发生了苯环的羟基化反应。Ge L K 等（2016b）还研究了水中 9- 羟基芴的光化学转化行为。通过对比，发现冰相和水相 9- 羟基芴的光降解产物和路径存在异同，相对于冰中，水中 9- 羟基芴也可发生脱氢氧化、异构化和羟基化等反应，但最后生成了 2 ~ 3 个羟基取代的多羟基化产物，这是因为水中可自由移动的水分子和羟基自由基（·OH）较多。所以，水中易于发生多羟基化（multi-hydroxylation）反应，生成二羟基或三羟基代的产物，而在冰中只是检测到单羟基

化的产物（图 6.12）。

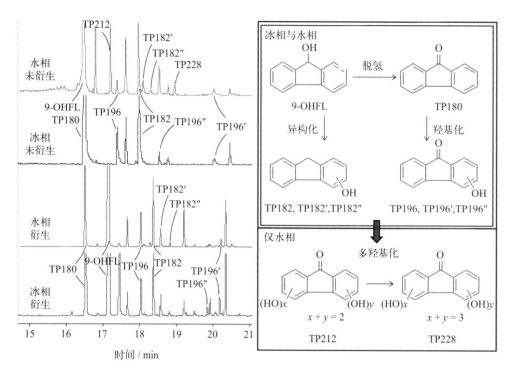

图 6.12　纯水冰相和水相 9-OHFL 光解后未衍生化和衍生化样品的总离子流图，以及相应的
光化学转化产物（TPn）和路径

郑智轩等（2024）进一步比较研究了冰中与水中多环芳烃衍生物对发光细菌（*Vibrio fischeri*）的光修饰毒性。结果表明，SPAHs 通过光化学转化可生成具有较高毒性的中间产物，对发光细菌表现为光修饰毒性，且水中与冰中的光修饰毒性具有差异，这有助于更准确地评价寒冷地区这些典型新污染物的环境风险。

6.5　小结与展望

极地是陆海兼备的生态系统，是全球生态环境重要的本底区、全球气候和生态环境变化的晴雨表，以及影响我国气候和生态环境系统的压力源。南北极地区在持久性有机污染物的地球化学循环和交换过程中起到"汇"的作用，持久性有机污染物大量进入极地，并蓄积、放大，对极地脆弱的生态系统造成威胁。微塑料、内分泌干扰物、抗生素抗性污染等新污染物，分布广泛，是全球性环境污染问题，已然成为极地新兴热点环境科学问题。

随着针对极地环境中痕量污染物分析技术的发展，具有高灵敏度的分析技术逐渐被推广使用。综合近十几年的调查数据可以看出，持久性有机污染物在南极菲尔德斯半岛环境中普遍检测出，尽管传统 POPs 如 PCBs 等呈逐年降低趋势，然而，OPEs、PFASs 等在极地环境中浓度水平显著上升，尽管仍低于低纬度地区，但其对极地生态环境的潜在危害仍不容忽视。极地环境中有机污染物主要来自大气长距离传输，同时也受到当地点源排放的影响。

新污染物种类众多，结合近年来监测和研究结果来看，持续开展极地环境多介质中新污染物的调查和监测，评估其潜在生态环境影响仍十分必要。建议逐步标准化极地新污染物监测技术方法，以传统有机污染物多环芳烃和代表性新污染物（微塑料、氟化物、阻燃剂、抗生素抗性基因等）相结合，开展水、土壤、大气、冰雪、生物多介质联合监测，积累长期观测数据，支撑极地生态环境治理和科学研究，评估极地新污染物生态环境影响。

第 **7** 章

南极菲尔德斯半岛微生物群落及其资源特性

南极特殊的环境孕育了一个极端的微生物群落，是一个重要的微生物资源库。本章利用高通量等分子生物学技术，分析了菲尔德斯半岛土壤、淡水、海水、沉积物等环境中的微生物多样性特征，统计了我国学者在菲尔德斯半岛发现的微生物新种、功能微生物获取和相关专利申请情况，并展望了未来该地区微生物资源利用前景。

7.1 南极菲尔德斯半岛微生物多样性及群落结构

极地微生物在数量和种类上占据极地生态系统中的绝对优势和重要地位。在严酷和相对隔离的极地环境中，极地微生物有望进化出独有的分子生物学机制和生理生化特性，在生物医药、工业酶、极端环境保护及修复等领域具有不可替代的价值。南北极具有很高的微生物多样性，随着国际极地科学考察活动的深入和各国后勤支持能力的提高，极地微生物资源，尤其是南极微生物资源的勘探和研究，已成为国际上的热门领域之一。

我国科研工作者对菲尔德斯半岛微生物多样性进行了大量的研究（Wang N F et al., 2015；Cong B et al., 2020；Zhang T et al., 2022a）。Wang N F 等（2015）利用高通量测序技术，分析了菲尔德斯地区 4 种不同土壤（人类菌落影响点、海豹菌落影响点、企鹅菌落影响点和本底点）中细菌群落组成和多样性（图 7.1）。4 种土壤类型中常见的门类有变形菌门、放线菌门、酸杆菌门和疣微菌门等，它们在地球化学性质和细菌群落结构方面存在显著差异，其中企鹅栖息地土壤中细菌香农多样性指数最高，海豹对土壤细菌群落的影响要明显低于人类和企鹅。

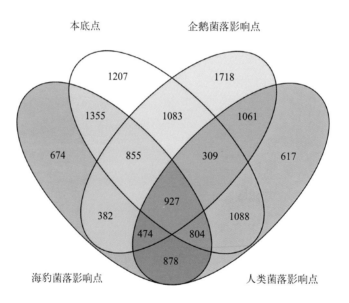

图 7.1　4 种土壤类型中细菌 OTU 的重叠程度（在 3% 进化距离处）的维恩图

（Wang N F et al., 2015）

对南极基特日湖（Kitezh）地区岸坡土壤、潮间带土壤和沉积物细菌和古菌多样性的研究显示，共鉴定细菌 23 个门，变形菌门、放线菌门、拟杆菌门、酸杆菌门和厚壁菌门是最高的前 5 个门，相对丰度最高的门分别是变形菌门、放线菌门和厚壁菌门，其中变形菌门的相对丰度为 40% ~ 80%。典型关联分析（CCA）和冗余分析（RDA）结果表明，pH 和磷酸盐对细菌群落有显著影响，而古菌群落主要受 pH 和亚硝酸盐的影响（Li Q X et al., 2022）。Zhang T 等（2022b）分析了 11 个无冰栖息地真菌群落，共检测到 12 个门、37 个纲、85 个目、164 个科、313 个属和 320 个种。栖息地的特异性而不是栖息地的重叠决定了真菌群落的组成，这表明，尽管真菌群落是通过在当地范围内的扩散而连接起来的，但环境过滤器是推动南极洲无冰真菌群落的关键因素。Han W B 等（2019）的研究表明，基特日湖区土壤细菌群落结构和多样性随理化性质的变化而变化，其中有机碳与土壤细菌群落组成的相关性最高，细菌可能是南极土壤有机质周转的主要生物。

企鹅粪便对南极鸟成土壤微生物群落的影响研究表明，企鹅粪便可以通过微生物下降直接影响鸟成土壤微生物群落，并通过改变土壤理化性质间接影响土壤微生物群落（Guo Y D et al., 2018）。对半岛南海岸裸露土壤区域的现场实验研究显示，磷酸盐的补充可以通过引起细菌物种的差异生长直接改变微生物群落结构，并通过改变其他理化因子间接改变微生物组成（Tan J K et al., 2023）。Zhang Y 等（2018）根据土壤元素、土壤特性（pH、湿度）、营养物质（碳、氮）和植被覆盖度等要素将菲尔德斯半岛样方分为两组，两组样方中的细菌和古菌群落组成具有明显区别，真菌的群落组成区别不大；原核生物的分布受环境因素和土壤元素组成的双重影响，且土壤元素的影响更大。

Zhang T 等（2022a）利用高通量测序技术，在菲尔德斯半岛 39 个海水和淡水样品中（图 7.2），共鉴定细菌 136 门、221 纲、386 目、761 科、2958 属和 21 475 种。在门水平上，变形菌门在多数淡水和海洋样品中占有优势，其次是拟杆菌门。

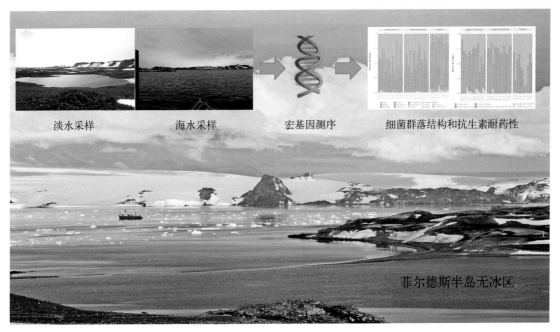

淡水采样　　　　海水采样　　　　宏基因测序　　　细菌群落结构和抗生素耐药性

菲尔德斯半岛无冰区

图 7.2　菲尔德斯半岛海水和淡水采样现场照片（Zhang T et al., 2022a）

Cong B 等（2020）依托中国第 27 次和第 31 次南极科学考察，从菲尔德斯半岛 5 个土壤样品中共分离获得 1208 株细菌和真菌，鉴定出 20 属 83 株细菌和 7 属 30 株真菌。其中，1 株细菌和 6 株真菌与数据库的序列相似性较低，表明它们可能是新种。生理生化特性表明，所鉴定的细菌可以利用多种碳水化合物，而所鉴定的真菌可以产生多种胞外酶。与 Wang N F 等（2015）的结果相比，酸杆菌门和疣微菌门等很多的门没有分离获得，可能与这些门的种类难以培养有关。

对菲尔德斯半岛的阿德利岛海岸阶地进行研究（图 7.3），发现原核微生物群落在 6 个演替阶段中发生了有序变化（Nopnakorn P et al.，2023）。在晚期（最低层）的近海岸土壤中仍然可以发现一些海洋微生物群落，而在最高层早期土壤中动物病原菌和耐应激微生物的含量最高。通过多元方差分析（PERMANOVA）发现阶地土壤元素镁（Mg）、硅（Si）和钠（Na）与细菌和古菌群落在各阶层的结构差异有关，而铝（Al）、锑（Ti）、钾（K）和氯（Cl）与真菌群落结构差异相关。其他环境因素也在微生物群落的演替中发挥着重要作用，细菌群落的演替受 pH 和含水量的影响很大；古菌群落受铵盐（NH_4^+）的影响较大；真菌群落则受到硝酸盐（NO_3^-）等营养物质的影响。阶地微生物的演替还会受到环境的不稳定性、与植物和生态位的关系，以及环境耐受性等复杂综合因素的影响。研究结果表明，芽繁殖和 / 或具有丝状附属物的细菌在晚期阶层富集，这可能与其对快速变化和贫瘠环境的耐受性有关；奇古菌的氨氧化能力有可能随演替而下降；真菌与植物的关系在阶层中也具有演替规律。总体而言，这项研究提高了对阿德利岛阶地海洋－陆地过渡对土壤中微生物群落影响的理解。这些发现将为未来对海洋－陆地过渡过程中的微生物适应和进化机制开展更深入的研究奠定基础。

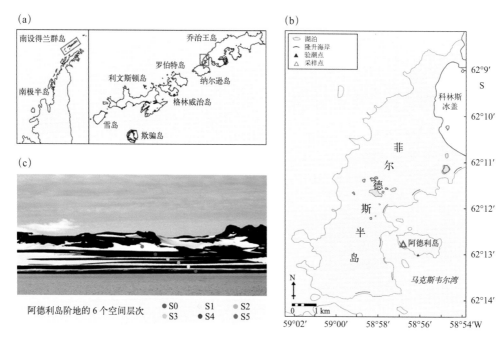

图 7.3　阿德利岛海岸阶地采样地点（Nopnakorn P et al.，2023）

（a）南极半岛及南设得兰群岛；（b）阿德利岛及阶地位置（红色三角）；（c）阿德利岛阶地 S0～S5 6 个层次

7.2　南极菲尔德斯半岛微生物新种

我国目前已从南极菲尔德斯半岛地区的样品中分离获得并发表了细菌新种 42 个（其中 6 个是新属）、藻类新种 2 个、酵母新种 2 个、原生生物新科 1 个（表 7.1）。其中，大部分新种分离自土壤，其余分离自海湾沉积物、海水、地衣、苔藓、海绵、沼泽、鲸骨、企鹅粪便等基物。其中分离获得的细菌新种主要属于变形菌门和放线菌门，通过前面的高通量测序结果可知这也是该岛的优势菌门。所有新种都可以在低温（0℃或者 4℃）环境下生长，并且细胞膜中几乎都含有大量不饱和脂肪酸，这有利于低温下保持细胞膜的流动性以适应低温环境。虽然这些微生物新种并不一定是南极地区所独有，但却是首次在该地区被发现。新种的发现为生物环境适应机理、生态作用、生命进化等理论研究和潜在应用提供了新材料及资源。

表 7.1　我国发表的南极菲尔德斯半岛微生物新种

种名	分类地位	分离基物	第一发表单位
Acidovorax antarcticus	细菌新种	土壤	武汉大学
Amphritea opalescens	细菌新种	沉积物	安徽大学
Ancylomarina psychrotolerans	细菌新种	沉积物	中国海洋大学
Antarcticimicrobium sediminis	细菌新属	潮间带沉积物	山东大学
Arthrobacter ardleyensis	细菌新种	湖泊沉积物	厦门大学
Arthrobacter psychrochitiniphilus	细菌新种	企鹅粪便	自然资源部第三海洋研究所
Aureibaculum luteum	细菌新种	潮间带沉积物	山东大学
Chachezhania antarctica	细菌新属	海水	山东大学
Changchengzhania lutea	细菌新属	潮间带沉积物	山东大学
Coccomyxa antarctica	藻类新种	地衣	中国极地研究中心（中国极地研究所）
Coccomyxa greatwallensis	藻类新种	地衣	中国极地研究中心（中国极地研究所）
Cryptococcus fildesensis	酵母新种	苔藓	中国医学科学院和北京协和医学院
Deinococcus psychrotolerans	细菌新种	土壤	武汉大学
Flavitalea antarctica	细菌新种	土壤	武汉大学
Flavobacterium ardleyense	细菌新种	土壤	齐鲁工业大学
Flavobacterium collinsense	细菌新种	冰碛土	武汉大学
Flavobacterium ovatum	细菌新种	潮间带沙地	中国海洋大学
Flavobacterium phocarum	细菌新种	土壤	齐鲁工业大学
Kaistella flava	细菌新种	土壤	武汉大学

续表

种名	分类地位	分离基物	第一发表单位
Kaistella gelatinilytica	细菌新种	土壤	中国海洋大学
Lacisediminihabitans changchengi	细菌新种	沼泽地泥浆	中国海洋大学
Lysobacter antarcticus	细菌新种	沉积物	中国海洋大学
Maribacter aquimaris	细菌新种	海水	安徽大学
Marinomonas flavescens	细菌新种	海水	安徽大学
Micrococcus antarcticus	细菌新种	土壤	中国科学院微生物研究所
Mrakia psychrophila	酵母新种	土壤	北京师范大学
Mucilaginibacter antarcticus	细菌新种	土壤	武汉大学
Nakamurella antarctica	细菌新种	土壤	武汉大学
Nocardioides antarcticus	细菌新种	海洋沉积物	武汉大学
Nocardiopsis fildesensis	细菌新种	土壤	中国海洋大学
Paraconexibacter antarcticus	细菌新种	土壤	武汉大学
Pedobacter ardleyensis	细菌新种	土壤	武汉大学
Pedobacter changchengzhani	细菌新种	土壤	山东大学
Planococcus soli	细菌新种	土壤	中国科学院微生物研究所
Poseidonibacter antarcticus	细菌新种	潮间带沉积物	山东大学
Pseudarthrobacter albicanus	细菌新种	土壤	中国科学院微生物研究所
Pseudolysobacter antarcticus	细菌新属	土壤	武汉大学
Pseudopuniceibacterium antarcticum	细菌新种	海洋海绵	中国极地研究中心（中国极地研究所）
Pseudorhodobacter collinsensis	细菌新种	冰碛土	武汉大学
Puniceibacterium antarcticum	细菌新属	海水	山东大学
Putridiphycobacter roseus	细菌新属	腐烂海藻	山东大学
Rhodococcus antarcticus	细菌新种	冰碛土	武汉大学
Roseovarius antarcticus	细菌新种	遗弃鲸骨	武汉大学
Sacchromycomorpha psychra	原生生物新科	苔藓	中国医学科学院和北京协和医学院
Sphingomonas paeninsulae	细菌新种	土壤	武汉大学
Sporosarcina antarctica	细菌新种	土壤	中国海洋大学
Streptomyces fildesensis	细菌新种	土壤	中国海洋大学
Tessaracoccus antarcticus	细菌新种	土壤	山东大学

原生生物是之前极地研究中被忽视的类群，而原生生物是细菌和真菌的捕食者，能够作为"纽带"将初级分解者（如细菌、真菌）与更高营养等级的生物（如线虫等）紧密联系在一起，在土壤生态系统中具有举足轻重的链接作用。Feng J J 等（2021）从南极菲尔德斯半岛的苔藓中分离获得了一个原生生物新种 *Sacchromycomorpha psychra*（图 7.4），并建立了一个新科 Saccharomycomorphidae、新属 *Sacchromycomorpha*。基于 18S rRNA 基因序列分子系统学分析，表明该物种属于食细菌型的 Glissomonadida（丝足虫类）内的"进化分支 T"，该进化分支直到现在只能通过环境序列检测到。该研究确定了"进化分支 T"的表型实体，其最为独特的表型特征在于在富含有机质的马铃薯葡萄糖琼脂培养基中没有鞭毛，且能够渗透营养，而非食细菌型。本研究明确"进化分支 T"为一个新科 Sacchromycomorphidae,并深入讨论了这个新物种的命名、形态和生态方面的意义，该研究对于揭示南极原生生物多样性及保护其种质资源具有重要意义（Feng J J et al., 2021）。

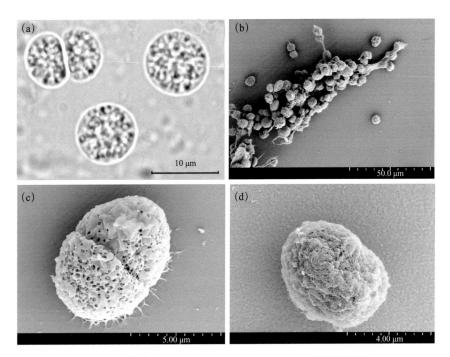

图 7.4　新物种 *Sacchromycomorpha psychra* 的细胞形态照片

7.3　南极菲尔德斯半岛功能微生物

我国多家科研院所对采集自菲尔德斯半岛的土壤和潮间带沉积物样品进行了细菌和真菌的分离培养。虽然不同站位的细菌和真菌多样性存在一定的差异，但是结果都表明菲尔德斯半岛地区具有丰富的微生物，其中假单胞菌属（*Pseudomonas*）和节杆菌属（*Arthrobacter*）为优势细菌类群；地丝霉属（*Geomyces*）和被孢霉属（*Mortierella*）为优势真菌类群（Cong B et al.,

2020；杨晓等，2016）。对分离得到的细菌和真菌分别进行理化性质和胞外酶活性鉴定，结果显示绝大多数可产生水解酶类，比如，在低温下具有活性的蛋白酶、脂酶、淀粉酶、脱氧核糖核酸（DNA）酶、明胶酶、藻胶酶、纤维素酶、β-半乳糖苷酶、黄原胶酶、七叶苷酶、氧化酶和过氧化氢酶等（刘春影等，2016；王玉璟等，2022；吴蕾蕾等，2020）。而且有些微生物可以产生各种新化合物，具有抗菌和抑制肿瘤的作用。研究推测，这些特性和产物有利于微生物在参与南极物质代谢、适应南极极端环境方面发挥作用，从而成为低温酶的储存库和潜在药物资源库（Ding Z et al., 2016）。目前，来自菲尔德斯半岛地区的功能微生物获批专利 6 项（表 7.2），发表具体菌株功能特性的研究论文 8 篇（表 7.3）。

表 7.2 分离自菲尔德斯半岛地区获得专利的微生物及其功能

专利名称	菌株	分离基物	功能	分类	申请（权利）人
南极红色素在制备治疗和预防高尿酸血症药物中的应用	真菌 *Geomyces* sp.	潮间带沉积物	治疗和预防高尿酸血症	色素	临沂大学
一种南极土壤来源的酯酶及其编码基因与应用	细菌 *Pseudomonas* sp.Soil2	土壤	冷适应性酯酶	酶	齐鲁工业大学
一株具有羽毛降解活性的南极菌及其应用	细菌 *Polarbacteria* sp.QED12	土壤	羽毛降解活性	酶	自然资源部第一海洋研究所
一种含多硫键的哌嗪类化合物及其制备方法和用途	真菌 *Oidiodendron truncatum* GW3-13	土壤	含多硫键的哌嗪类化合物细胞增殖抑制剂或缺氧诱导因子-1（HIF-1）靶向抗肿瘤剂	代谢产物	中国海洋大学
一种吡啶酮生物碱类化合物及其制备方法和用途	绳状青霉 *Penicillium funiculosum* GWT224	苔藓	吡啶酮生物碱类化合物	代谢产物	中国海洋大学
一株隐球酵母及其胞外多糖与应用	酵母 *Crytococcus heimaeyensis* S20	土壤	胞外多糖具有较好的广泛的抗肿瘤活性	多糖	武汉大学

表 7.3 分离自菲尔德斯半岛地区的功能微生物

功能	菌株	分离基物	发表单位	文献来源
生产大黄素类等活性天然产物（中药成分），抗菌杀虫作用	真菌 *Penicillium* sp. S2014503	鲸骨	中国科学院南海海洋研究所，武汉大学	张海波等，2023
高产表面活性剂，在柴油含量为 5% 时，且在 4℃和 28℃条件下对柴油的降解率分别达到 40.1% 和 57.3%	细菌 *Pedobacter* sp. GW9-17	土壤	中国海洋大学，中国潍坊学院	焦亚彬等，2023

续表

功能	菌株	分离基物	发表单位	文献来源
降解石油，对总正构烷烃和总多环芳烃的降解率分别为86.83%和31.33%	细菌 *Rhodococcus* sp. NJ-XFW-6-A	土壤	哈尔滨工程大学，自然资源部第一海洋研究所	孙莹莹等，2022
生产抗真菌活性物质，4个多酮类化合物，对板栗炭疽病菌和尖孢镰刀菌的生长有抑制作用，对白色念珠菌表现出较强的抑制活性	真菌 *Aspergillus sydowii* MS-19	土壤	自然资源部第一海洋研究所，福州大学	Cong B L et al., 2022
产几丁质酶，在0℃时仍显示出50%以上的低温活性，对黄萎菌 CICC2534 和尖孢镰刀菌有明显的抑制作用	细菌，假单胞菌 GWSMS-1	海洋沉积物	上海海洋大学，中国极地研究中心（中国极地研究所）	Liu K Z et al., 2019
产生脂肽化合物，田间试验结果表明能够防治玉米细菌性褐腐病	细菌 *Bacillus amyloliquefaciens* EZ15-07 *Bacillus licheniformis* EZ01-05	土壤	南京农业大学	朱碧春等，2017
产生癸酸和切特拉素，抗真菌和抗分枝杆菌活性	真菌 *Cladosporium* sp. GW7-7, *Pseudogymnoascus* sp. GW25-13	土壤	中国海洋大学	Ding Z et al., 2016
产低温纤维素酶	真菌，黄萎菌属 AnsX1	土壤	自然资源部第一海洋研究所	Wang N F et al., 2013

　　除了微生物的低温酶和代谢产物具有应用前景外，一些微生物能够通过其特有的代谢能力为菌群提供营养物质或者分解有毒物质从而激活菌群和去除环境中的污染物，例如，在菲尔德斯半岛就发现了大量低温下具有氨化、固氮、反硝化活性的菌株（刘杰等，2017a）。这些菌株可以分解有机物或者固氮，为生态系统提供氮源，还可以通过反硝化作用去除环境中过多或者有毒的氮源以应用于污水处理系统。另外，还在科林斯冰盖前缘冰碛中发现了一种具有异化硝酸盐产氨（DNRA）作用的节杆菌株，其不同于已知的 DNRA 菌株，不仅可以在低温下具有活性，而且能够在好氧和极低氮源浓度的条件下进行 DNRA 作用产生铵盐。研究发现，这种节杆菌能够将环境中的硝酸盐或者亚硝酸盐积累到胞内囊泡中进行转化，在无氮的环境中可以迅速释放铵盐进行生长。这不仅是一种在寒冷贫瘠环境中的生存策略，其释放的铵盐还有可能为周边微生物生长提供氮源，因此也具有营养其他功能菌株，在低温、低氮环境中发挥作用的潜在应用（Liu Y X et al., 2023）。

　　虽然在菲尔德斯地区已经获得了很多微生物资源，但是可以进行产业化的仍然很有限。目前，从菲尔德斯半岛潮间带沉积物样品中分离得到的一株能分泌紫红色色素的微生物，经过分析其菌落特征、显微形态观察（图 7.5）和内转录间隔区（ITS）序列分析后，将其归为地丝霉属（*Geomyces* sp.），并对该色素进行了系统的研究，暂定名为南极红色素。该色素与进口产品胭脂虫红色素具有相近的吸光值，属于同色相物，目前已经完成中试，正在申请进入国家食品添加剂目录。南极红色素与胭脂虫红色素和红曲红色素相比有以下诸多优点（金滨滨等，2014；刘杰等，2017b）。

（1）安全性高。南极红色素本身为水溶性色素，不需要制备成对人体有害的铝盐，可以用于婴儿及膨化食品，具有更加广泛的应用范围。

（2）比胭脂虫红色素有更广泛的酸碱适用性。南极红色素的 pH 值在 2 ～ 11 的范围内颜色稳定；而胭脂虫红色素的 pH 值在 3 及以下会产生沉淀并变色，pH 值在 9 以上会呈现轻微蓝色调。

（3）生产方式易于企业生产。南极红色素采用微生物发酵的方式进行生产，优于动物体内提取和植物破壁提取的生产方式，而且生产不受季节和种植养殖范围的限制，既利于扩大生产，又便于节约生产成本。

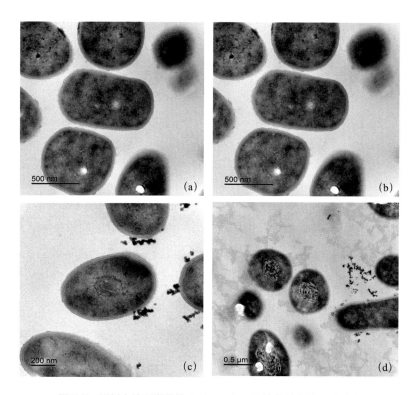

图 7.5　透射电镜观察菌株 24S4-2 在不同培养基中的显微结构

（a）R2A 培养基；（b）铵盐作为唯一氮源；（c）硝酸盐作为唯一氮源；（d）亚硝酸盐作为唯一氮源

7.4　小结与展望

我国科研工作者通过高通量测序和分离培养的方法对菲尔德斯半岛不同区域、不同生境和不同基质中微生物的多样性、地质事件以及动物的影响和功能进行了研究，了解了菲尔德斯半岛微生物的分布和种类特征，并获得了具有潜在应用价值和理论研究价值的微生物新种和功能菌株，为极地资源的产业化和深入研究菲尔德斯半岛微生物的生态作用，以及对环境变化的反馈响应奠定了基础。

目前，我国对菲尔德斯半岛微生物相关基因资源的研究尚未见报道，但是已有研究机构通过分析菲尔德斯半岛样品中的宏基因组和宏转录组数据，正在尝试对基因资源直接进行开发利用。虽然极地微生物资源储量较大，但菌株资源类群覆盖率和多样性偏低，以细菌为主，而酵母、丝状真菌、病毒等类群极少。而且各研究机构分离的菌株信息不透明，大多数没有按照国家科技基础条件平台的数据规范对菌株进行信息化公开，不利于资源的共享和利用。由于受到知识产权界定、转移以及各研究机构制度等原因限制，很难将所有南极微生物资源进行集中管理，但是所有极地微生物的信息可以统一进行标准化管理，增加极地菌株资源的共享率和开发利用率。

另外，极地微生物的分离和培养是基础研究和开发利用最重要的环节之一，微生物资源的研究和应用研究离不开可培养微生物，但是目前可培养的极地微生物与多样性测序结果相比较，仍然是极少数。培养的技术方法仍然需要创新和突破。我国对已经获得的极地微生物资源的研究尚不够深入，具有潜在应用价值的微生物资源利用和产业化也还有待加强。

第 8 章

南极菲尔德斯半岛生态系统的潜在威胁

长城站所在的菲尔德斯半岛地区生态系统遭受气候变化和人类活动的双重威胁，是国际社会关注的热点地区。本章利用航空遥感观测、模型分析和专家问卷等手段，初步分析了该地区生态环境脆弱性并定量评价了其脆弱性程度，评估了其受气候变化的威胁和人类活动的影响程度，为后续该地区有针对性的生态系统保护提供了理论支撑。

8.1 南极菲尔德斯半岛生态环境脆弱性分析

菲尔德斯半岛具有生态脆弱性。庞小平（2007）曾从地质、地貌、土壤、植被、气候和人类活动等方面定性分析了南极无冰区生态环境脆弱性特征，并定量评价了其脆弱性程度。研究表明，在区域尺度上，菲尔德斯半岛生态环境的脆弱性是以结构型脆弱为主、胁迫型脆弱为辅的脆弱性；但从整个南极尺度来看，人类活动胁迫型脆弱则是菲尔德斯半岛最显著的特征；菲尔德斯半岛生态环境脆弱性表现为以结构型脆弱为基础，在人类活动胁迫下的一种综合脆弱性。定量评价结果如图 8.1 所示，菲尔德斯半岛生态环境的极脆弱区主要分布在半岛中部、阿德利岛东海岸、半岛东海岸考察站周围的地带，以及半岛南部呈零散不连续分布的小区块；强脆弱区主要分布在半岛北部科林斯冰盖下、半岛中部极脆弱区周围、阿德利岛东海岸以外的沿海地带以及半岛南部的海岸带；中度脆弱区主要分布在风谷附近以及西北平台周围；轻微脆弱区除了大面积分布在北方台地，大多数零散分布在半岛的南部和阿德利岛的西部。从整体上来看，脆弱程度的分布从半岛北部到南部呈现强－弱－强－弱－强的交替性。从沿海到陆地内部总体上体现了由极脆弱区向轻微脆弱区逐渐过渡的特征（除费雷站、别林斯高晋站和马尔什机场周围）。脆弱性在半岛北部呈现较为连续的分布，而在半岛南部分布较为零散。

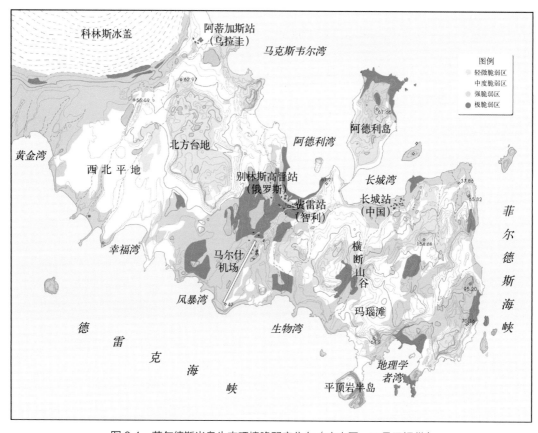

图 8.1　菲尔德斯半岛生态环境脆弱度分布（庞小平、王月云提供）

将脆弱度分布图与各脆弱因子指标图分别进行叠加对比分析，可以得到如下结论。

（1）菲尔德斯半岛生态环境脆弱性由北向南，总体上的分布规律与地形、地貌、植被、气候和土壤的分布有较好的一致性。可见，半岛的自然环境特征仍然是半岛生态环境脆弱性空间分布的基础。

（2）从菲尔德斯半岛沿海到内陆所表现出的脆弱性梯度变化，与人类活动的范围和频度分布密切相关，反映了人类活动对半岛生态环境脆弱性分布的影响。

（3）菲尔德斯半岛内陆的轻微脆弱区主要分布于北方台地、玛瑙滩北部、山海关峰附近以及阿德利岛中东部。北方台地上地势相对平缓，发育有较茂密的地衣；玛瑙滩周围和南部洼地，主要以积水泥滩地为主，其水、热、土壤和生物群落的相互作用，在小范围内达到一种相对的平衡状态，生态环境表现为局部相对稳定的小环境类型。阿德利岛中东部，苔藓生长茂盛，并有相对稳定的阿德利企鹅群落聚居，主要取决于良好的地形、水、热和土壤条件。

（4）菲尔德斯半岛中部费雷站和别林斯高晋站所在地及其邻近区块，呈现极脆弱区较大面积的连续分布。与此对应的现实情况是，这里属于菲尔德斯半岛人类活动规模最大、频率最高的地段。半岛南部存在相对较小规模的站区和零散的考察路线，成为半岛南部极脆弱区呈不连续分布的主要原因。由此可见，半岛生态环境脆弱度与人类活动呈显著相关性，表明人类活动已成为半岛生态环境脆弱性的重要胁迫因子。

（5）菲尔德斯半岛是迄今为止南极地区除了罗斯岛美国麦克默多站所在地之外，人类活动规模最大、密度最大和频率最高的地区。尽管在总体上，结构性成因仍然是半岛生态环境脆弱性的主导影响因素，然而，半岛生态环境极脆弱区与人类活动密集区在分布上的高度重叠，表明人类活动对半岛环境生态的干扰与影响已经达到不可忽视的严重程度。而事实上，在半岛极脆弱区的局部中心地段，原有环境状况与生态系统早已不复存在，环境与生态损害已不可恢复。

8.2　南极菲尔德斯半岛生态系统的气候变化威胁

受南极半岛升温的影响，菲尔德斯半岛生态系统发生了明显的变化。Miranda V 等（2020）通过遥感监测表明，2006—2017 年 11 年间，植被总面积损失了 4.5%，其中松罗属地衣种（*Usnea* sp.）减少了 10.3%，苔藓减少了 9.8%。研究表明，地衣种的下降，可能与积雪变化有关。Sun X H 等（2021）根据菲尔德斯半岛 32 个典型植被点的植被丰度和光谱特征，从 2018 年 3 月 23 日和 2019 年 2 月 19 日采集的 WorldView-2 卫星图像中提取植被信息，分析结果表明，在 2018 年夏天，不健康的苔藓占该地区的 40%，而在 2019 年该数据为 49%，显示随着气候变化，菲尔德斯半岛的苔藓群落正经历不可忽视的环境压力。不过该研究时间跨度过短，9% 的变化可能存在一定的误差。

高云泽（2020）和 Gao Y Z 等（2021）使用 0.25 km² 的栅格将菲尔德斯半岛的陆地区域划分为 103 个单元，对每个单元的陆地物种进行了累积影响评估，选取的 7 种威胁为气候变化、有机污染物、无机污染物、考察站建设、发电、燃油泄漏和旅游业（图 8.2）。分析结果表明，累积影响得分（IC）在 0 ~ 39.4 范围内，累积得分分为 6 类，从极低影响（$IC \leq 7.08$）到极高影响（$IC > 20.54$）。57.3% 的陆域经历了"极低影响"或"低影响"得分。其中，累积性影响高（$IC > 13.46$）、中（$9.76 < IC \leq 13.46$）、低（$IC \leq 9.76$）等级面积占比大约为 1 : 1 : 3。高累积性影响区域（21.3%）主要位于半岛中部、东部及阿德利岛区域，这些区域为人类主要活动区域和企鹅栖息地。气候变化（$IC = 5.1$）、有机污染物（$IC = 2.6$）及旅游业（$IC = 0.7$）影响最大。就单一因素而言，气候变化被认为是南极洲陆地生态系统面临的一个迅速增长的重大威胁，其次是有机污染物。需要注意的是，该评估结果是通过专家打分的方式获得的。

高云泽（2020）根据累积影响评估结果将菲尔德斯半岛分为 9 大区域并开展生态健康评估，结果显示，半岛整体生态健康状况良好。其中，2 个区域健康状况为"差"，累积性影响分数也较高。1 个区域健康状况为"较差"，但此区域受累积性影响较低，主要由对人类活动较为敏感的南方巨鹱区域数量变化导致。

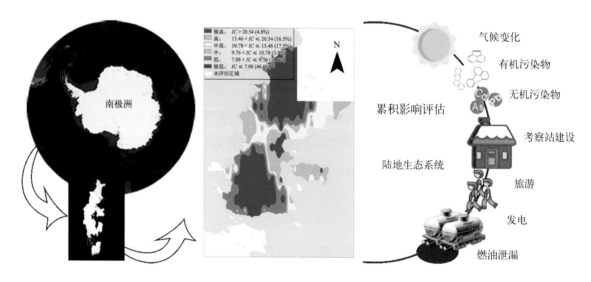

图 8.2　菲尔德斯半岛生态环境累积影响评估（Gao Y Z et al., 2021）

Jiang L 等（2021）建立了南极海岸生态完整性评价指标体系。该指标体系包括气候变化指标（ICC）、人类活动指标（IHA）以及生物学和生态学指标（IBE），并使用该指标体系对南极菲尔德斯半岛的生态完整性进行了评估。结果表明，生态完整性（ICHB）得分为 0.60，研究区生态完整性良好，但第 2 层次的 ICC、IHA 和 IBE 得分分别为 0.48、0.68 和 0.62，表明气候变化对研究区域的生态完整性产生了极大影响。

8.3　南极菲尔德斯半岛生态系统的人类活动影响

人类在南极地区的任何活动，以及其活动方式、范围、持续时间和强度，都不同形式和不同程度地对周围环境与生态系统造成影响。这种影响可以通过环境的物理、化学、生物和人文特征等诸多因素的改变来衡量。环境的物理因素包括地质、地形、地貌、土壤、水文、气象、冰川和海洋等方面的特征；环境的生物因素包括动植物物种、种群、群落和生物区系及栖息地（如动物摄食区、鸟类筑巢区）等重要特征；环境的化学因素包括环境的有机化学和无机化学成分等；环境的人文因素包括对南极历史具有保留价值的任何人类活动遗迹。

菲尔德斯半岛由于人类多种形式的活动而面临着越来越大的人类压力。例如，科学研究、考察站运维、物资运输、旅游、船舶交通、高强度的空中交通和车辆的频繁使用都会影响当地的环境。特别是近年来南极旅游业的发展，使该地区的生态环境面临更大压力。Gao Y Z 等（2021）根据专家判断进行的累积影响评估，显示尽管人类活动的影响远不如气候变化的影响，但旅游业已超过科学考察，成为所有人类活动中最大的影响要素。人类活动最为直接的影响是环境污染，导致土壤、苔藓和动物体内有机污染物和无机污染物，以及重金属含量的增加（Na G S et al., 2017；Gao X Z et al., 2018；Chu Z D et al., 2019）。

Chu Z D 等（2019）对菲尔德斯半岛和阿德利岛湖表沉积样中的重金属［Cu、Zn、Pb、镍（Ni）、Cr、Cd、Co、锑（Sb）、Hg 和 P］含量进行了测定，结果表明，阿德利岛湖泊沉积物中重金属含量明显高于菲尔德斯半岛。菲尔德斯半岛上的污染物主要来源于人类活动，而阿德利岛上的污染物在食物链中经过一系列生物放大后，以企鹅粪便的形式输送到湖泊沉积物中，企鹅运输污染对局域环境的影响超过了人类活动。因此，除了关注人类活动对环境的影响外，也应关注南极动物对南极局域环境的影响。

对菲尔德斯半岛 2013—2019 年大气、土壤及湖泊中多环芳烃（PAHs）、多氯联苯（PCBs）和六溴环十二烷（HBCDs）3 类半挥发性有机物（SVOCs）的分析表明，半岛 SVOCs 整体浓度水平较低，但存在特殊监测值高于低纬度地区浓度值的情况。3 类 SVOCs 源解析结果显示，本地源如考察站柴油燃烧、溢油事故、建筑材料和垃圾释放等影响作用显著，因而需要从站基废气和垃圾排放、应急事故处理、日常设施维护，以及旅游业管控方面入手，有效提升半岛生态环境保护效率（高云泽，2020）。

8.4　小结与展望

总体而言，随着南极半岛的升温，尽管菲尔德斯半岛植被样方中南极发草的覆盖度有所增加，但植被总面积有所下降，并且对该地区的地衣和苔藓分布面积和健康度均产生了较为明显的负面影响，而对陆地生态系统潜在威胁分析表明，气候变化已成为最主要的威胁因素。人类活动对局域的影响明显，但现有研究表明，不断增长的旅游业的影响不可忽视。

菲尔德斯半岛生态系统受到气候变化和人类活动的双重威胁，也是南极生态系统变化研究的理想之地，目前我国相关研究有限。未来我国应在以下方面开展更为深入的研究，从而提高生态环境治理能力和相关领域的话语权。

（1）构建相对完善的监测评价体系，发布高质量的评价成果。目前的研究成果以自由探索为主，并非围绕最终的影响评价而设立。需要对现有研究成果进行评估，遴选关键指标作为长期监测指标。围绕长期监测指标构建长期监测系统，开展连续监测并获取长期连续监测数据，应特别重视对陆域生态系统的航空监测。对人类活动导致的环境污染监测，目前已有较多的研究成果。有必要在现有研究基础上遴选指示污染物，从而对污染及其对生物群落的影响做出更为快捷的响应。目前，对气候和人类活动影响的评价仍处于探索阶段，有必要进一步探索并建立科学的评价方法。

（2）开展长时序的南极菲尔德斯半岛脆弱生态环境系统研究，在开展脆弱性现状评价的基础上，进一步开展脆弱生态环境回顾评价和响应评价。回顾评价是根据获得的历史数据资料，对半岛脆弱生态系统或生态环境演变过程进行模拟和回顾。响应评价侧重于评价外部环境胁迫或变化对半岛脆弱生态系统环境可能造成的影响，也就是外部环境变化时系统可能做出的适应性响应。

（3）对旅游行为做出相应的规定和要求，积极开展生态环境保护政策宣传。我国是南极旅游人数增长最快的国家，据国际南极旅游组织协会（IAATO）数据显示，2012—2021年，我国游客累计近40 000人，成为仅次于美国的南极旅游第二大客源国；而2023—2024年南极旅游季，我国游客预计恢复到疫情前的80%。每年都会有大量的游客访问菲尔德斯半岛地区和中国南极长城站。我国可以在规范访问方面做出一些规定，并在站区周围划定保护区域，对南极生态环境保护进行宣传。

第 **9** 章
南极长城站周边海域
生态环境变化

随着南极半岛及邻近地区气候和海洋环境变化，原本大范围的南极磷虾捕捞活动已越来越聚集在长城站周边海域。本章分析了近年来长城站所在的南设得兰群岛周边海域的水团、环流与水交换、海冰等环境要素特征及变化，南极磷虾渔业活动现状与趋势，以及周边海域磷虾资源量与变化，为后续长城站科学考察拓展以支撑国家需求提供基础资料。

9.1 南极长城站周边海域环境变化

9.1.1 水团

中国第 28 次、第 32 次和第 34 次南极科学考察队分别于 2011 年 12 月至 2012 年 1 月、2015 年 12 月至 2016 年 1 月和 2018 年 1—2 月对南设得兰群岛周边海域进行了调查，获取水团和环流分布情况（史久新等，2016；林丽金等，2022；李亚婧等，2019）。调查范围扩展至南奥克尼海台以东，共设置了 6 条经向断面和 2 条纬向断面，涉及布兰斯菲尔德海峡区（BS）、斯科舍海南部陆坡区（SSS）、埃斯佩里兹海槽区（HT）和鲍威尔海盆边缘－南奥克尼海台区（PB-SOP）共 4 个区域（图 9.1）。

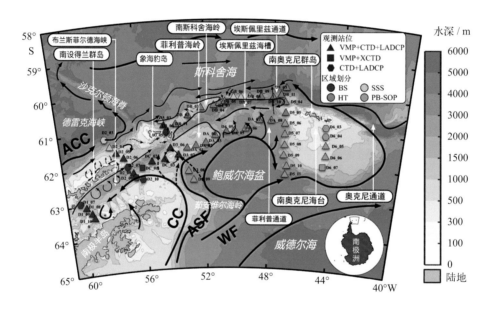

图 9.1　南设得兰群岛周边海域水深分布（林丽金等，2022）

彩色图形表示中国第 32 次南极科学考察的观测站点，黑色带箭头曲线为表层的海流示意图。ACC、CC、ASF 和 WF 分别为南极绕极流、南极沿岸流、南极陆坡锋和威德尔锋

图 9.2 为 2011/2012 年度的调查结果，显示了该海域温盐结构和水团分布的典型特征。大部分观测海域的表层是相对暖而淡的夏季表层水（SSW），其下为以温度极小值为特征的冬季水（WW）。表层温度存在显著的南北差异，南部位于威德尔海的冬季水（WWw）更多地保留了冬季特征，温度接近冰点，而最北部位于斯科舍海的冬季水（WWs）的温度已高于 0℃。最南端的测站接近海冰边缘区，表层水明显受到融冰的影响，盐度低至 33。之后两次观测也得到了同样的表层水团结构和温盐经向变化特征（图 9.3），只是具体的温盐值存在差异。由于表层海洋的短期变化显著，这些不同年份观测到的差异尚不能完全归为年际变化或长期变化。

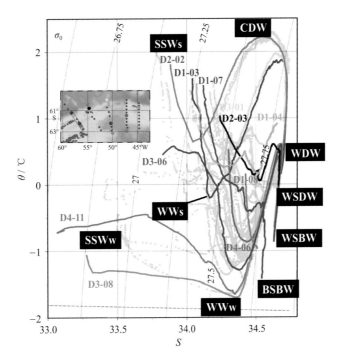

图 9.2　利用中国第 28 次南极科学考察获得的所有温盐数据绘制的位温－盐度（**θ-S**）图（史久新等，2016）

彩色线为代表性站位（在内嵌的地形图中用同样颜色标记）上的 *θ-S* 曲线；灰色点为其他站位上的数据。灰色等值线为位势密度 σ_0（单位：kg/m³）；灰色虚线为海面处的冰点。水团的名称标记在水团核心附近，其中 SSW 为夏季表层水，SSWs 为位于斯科舍海的 SSW，SSWw 为位于威德尔海的 SSW，WWw 为威德尔海冬季水，CDW 为绕极深层水，WDW 为威德尔深层水，WSDW 为威德尔海深层水，WSBW 为威德尔海底层水，BSBW 为布朗斯菲尔德海峡底层水

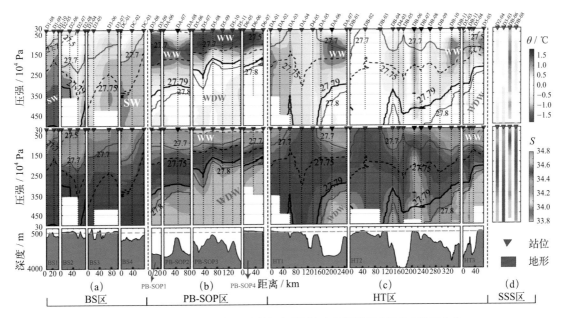

图 9.3　中国第 32 次南极科学考察观测的上层海洋温度和盐度断面分布

等值线为 σ_0（灰色虚线：27.5，灰色实线：27.7 和 27.8，黑虚线：27.75，黑实线：27.79，单位：kg/m³），
黑色三角形表示该站位空间上属于该断面，但不在该区域划分内

在布兰斯菲尔德海峡区，相对暖而淡的SSW之下为直达陆架底层的深厚低温陆架水［SW；图9.3（a）］。2011/2012年度观测到布兰斯菲尔德海峡中的底层水温度低至−1.4℃（图9.2），是观测海域中最冷的底层水。

南设得兰群岛以北海域呈现南大洋陆坡区的典型温盐结构，北部离岸海域的中层为以垂向温度极大值为特征的绕极深层水。2011/2012年度观测到的核心温度超过2℃（图9.2），为整个观测海域中最暖的水团。绕极深层水与南设得兰群岛近岸的冷水之间存在较强的次表层锋面——陆坡锋。3个年份都曾在南设得兰群岛以北近岸海域的更深层次观测到威德尔深层水（WDW），但温盐特征有所差别，说明WDW能够到达这里，但是可能经历了不同的路径和变性过程。

在观测区域的南部，即鲍威尔海盆和南奥克尼海台西南侧的深海区（图9.1中的PB-SOP区），可以观测到保持了较显著高温和高盐特征的WDW［图9.3（b）］；陆坡上的WDW则表现为高温高盐核心性质明显减弱且位置变深的特征［图9.3（c）］，说明已经与周围水体发生了混合。以上特征在3次观测中都较为显著。在菲利普海岭、埃斯佩里兹海槽等复杂地形处，观测到的对应于威德尔海深层水（WSDW，与WDW为不同水团）深度的混合与热盐入侵过程更为显著。

在鲍威尔海盆深水区能够观测到密度大于28.27 kg/m³的WSDW以及温度低于−0.7℃的威德尔海底层水（WSBW）。在周边的陆坡上，这两类水体都表现出与表层水发生混合的迹象。

9.1.2 环流与水交换

由于南设得兰群岛至南奥克尼群岛周边海域是威德尔海与斯科舍海水团交汇的地方，该海域也被称为威德尔−斯科舍汇流区（Confluence）。这一海域的环流结构非常复杂（图9.1），但深层的水交换总体上是单向的，为从威德尔海向斯科舍海和德雷克海峡的北向输运。

根据温盐分布特征可以推测与水团有关的环流。基于2015/2016年度的温盐观测结果，可以推测布兰斯菲尔德海峡内的SSW主要来自西侧别林斯高晋海和杰拉许海峡的暖水，该暖水沿布兰斯菲尔德海峡向东北方向流动，直到位于海峡末端的象海豹岛附近。北部南设得兰群岛至象海豹岛以北的陆架和陆坡区域的SSW，则受西南向的南极沿岸流和东北向的南极绕极流（ACC）影响。埃斯佩里兹海槽区的海洋上层温度总体上比其他区域的水体暖［图9.3（c）］，主要是受西侧寒冷陆架水输入的减少，以及北侧斯科舍海暖水加入的影响。2011/2012年度的观测结果显示，乔治王岛周边陆架上的断面温盐分布图中存在一些中小尺度的结构，这里可能存在涡旋等过程，影响德雷克海峡与布兰斯菲尔德海峡之间的水交换。

2015/2016年度利用下放式声学多普勒海流剖面仪（LADCP）观测的30×10⁴ ~ 500×10⁴ Pa深度平均流（图9.4）大体上符合以往对该海域环流的认识（图9.1）。例如，BS1断面北侧存在进入布兰斯菲尔德海峡的流动，HT2断面东部有沿着埃斯佩里兹海槽北侧的东向流，HT3断面以北向为主的流动表明埃斯佩里兹通道中主要是由威德尔海向斯科舍海的输运，PB-SOP3 断面北部的北向流与南部的南向流则很好地体现出陆坡流在此处的南北分叉。对观测到的一些较强流动进行分析，还可以给出更多环流的细节。在海槽南侧的菲利普海岭上，HT1 断面上的 DA-04 站和 D4-05 站分别位于 51°W 附近深水水道的西侧和东侧（图 9.4）。DA-04 站的海流为西偏北向，流速高达 0.54 m/s；D4-05 站的海流为东偏南向，流速约为 0.46 m/s。结合以往的环流研究可以认为，这对应着沿鲍威尔海盆西侧陆坡由南向北流动的陆坡流在进入深水水道前形成的两个分支。前者向北进入水道，后者在水道入口处转向，沿水道东侧（D4-05 站所在位置）1500 m 等深线向东南方向流出，并在下一个深水水道（DA-05 站以东）转向北。两者最终都向北进入了埃斯佩里兹海槽。基于在海槽北侧西部 DB-02 站观测到的西偏北向的强流及其与陆坡流接近的温盐特性［图 9.3（c）］，推测上述进入埃斯佩里兹海槽的一部分陆坡流能够从 DB-02 站与 DB-03 站之间的一个狭窄缺口（图 9.1）向北流入斯科舍海。

2018 年的观测发现，威德尔海的 WDW 和 WSDW 通过南奥克尼海台东侧的奥克尼通道和布鲁斯通道以及海台西侧的埃斯佩里兹通道进入斯科舍海，其中奥克尼通道的深层海流最强，流速最大可达 0.25 m/s，密度较大的 WSDW 可以通过此通道进入斯科舍海；布鲁斯通道海流流速约为 0.13 m/s，通过此通道的 WDW 温度较高；埃斯佩里兹通道海流流速约为 0.10 m/s，通过此通道的 WDW 温度最低，WSDW 密度最小。

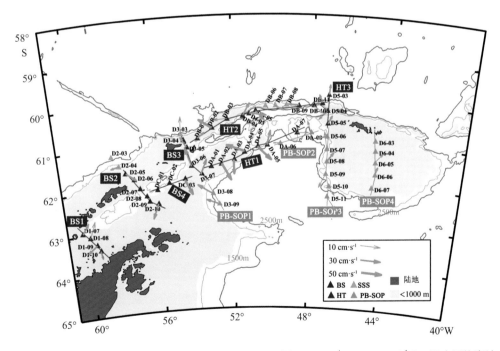

图 9.4　中国第 32 次南极考察队布设站位 LADCP 观测的 $30 \times 10^4 \sim 500 \times 10^4$ Pa 深度平均海流
橙色箭头表示海流方向，箭头粗细分别表示流速的范围：$0 < v \leqslant 10$ cm/s、10 cm/s $< v \leqslant 30$ cm/s、
30 cm/s $< v \leqslant 50$ cm/s，箭头长短表示流速大小；图中没有流速的为无 LADCP 观测或流速质量差的
站位；同一断面上的站点用实线连在一起

9.1.3 海冰变化

极地海冰区是影响全球气候环境变化的关键区和敏感区。海冰能改变海洋表面的辐射平衡和能量平衡，隔离海洋与大气间的热交换和水汽交换。海冰同时影响南大洋生态系统，包括南极磷虾和企鹅等关键物种的分布及生物量。南极的海冰面积从 2016 年开始，已从原来的增大转变为急剧减小，并在 2022 年 2 月 25 日减小了约 $80 \times 10^4 \, km^2$，低至 $192 \times 10^4 \, km^2$，创 1979 年有观测记录以来的最小纪录（丁明虎等，2023；Purich A and Doddridge E W，2023）。

刘玥等（2021）基于美国国家冰雪数据中心 1979—2018 年的海冰密集度数据集，分析环南大洋海冰冰缘区（海冰密集度范围为 15% ~ 80%）时空变化特征与趋势。研究结果表明，南极海冰边缘区所在的位置并不稳定，大部分边缘区海冰出现的频次小于 20 a。40 a 间南极海冰边缘区范围呈略微减小趋势，减少速率为（5.8 ± 2.6）$\times 10^3 \, km^2/a$。边缘区平均纬度并没有明显偏移趋势（刘玥等，2021）。由图 9.5 可见，长城站周边海域是海冰变化最为活跃的区域。

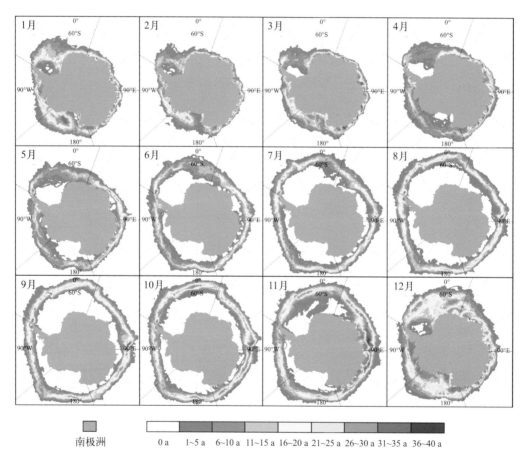

图 9.5　1979—2018 年海冰边缘区逐月频次分布（刘玥等，2021）

Vorrath M E 等（2020）利用沉积物生物标志物反演海冰变化，结果显示，在过去 240 a 间，布兰斯菲尔德海峡春季海冰密集度减小了 15% ~ 20%，其中布兰斯菲尔德海盆东部的海冰覆盖率波动较大。研究表明,受南半球环状模(SAM)等过程影响,海峡海冰共经历了4个阶段:① 19世纪,受正向 SAM 影响,海峡内以来自别林斯高晋海的海水为主导,冬、春季呈现显著的海冰少、水温高的特征;② 20世纪上半叶,SAM 由正转负,海峡内威德尔海水增加,海峡锋面北移,冬、春季呈现水温下降、中等程度海冰覆盖;③ 20世纪下半叶,尽管 SAM 开始由负转正,但受融水注入增加、冰点下降的影响,海冰增多但存在较大波动,是研究周期内海冰最多的时期;④进入21世纪以来,海冰多,但水温迅速回升(图9.6)。

从现场情况来看,近些年海峡内海冰的减少应该还是比较明显的,海峡内在冬季仍有渔船从事磷虾捕捞活动。

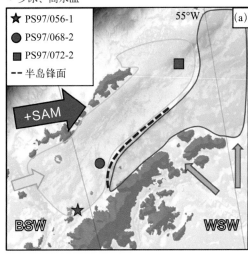
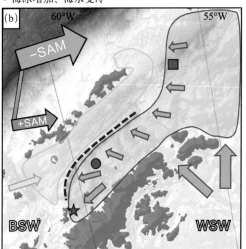
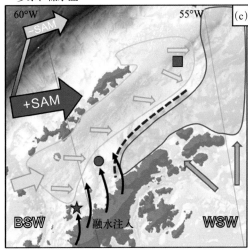
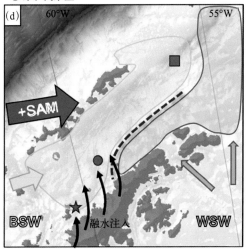

图 9.6　布兰斯菲尔德海峡经历的 4 个环境状态及其主要驱动因素(Vorrath et al., 2020)

9.2　南极长城站周边海域磷虾渔业

南极磷虾（*Euphausua superba*）既是南大洋的关键物种，在维持南极海洋生态系统中起着至关重要的作用，同时也是南极渔业的主要捕捞对象。南极磷虾商业性开发从20世纪70年代初开始，主要集中在南大洋太平洋扇区。目前，挪威每年捕捞量维持在 20×10^4 t 左右，占据各国捕捞总量的半壁江山。我国南极磷虾捕捞虽然起步较晚，2009年首次派船前往南极进行商业捕捞，但发展迅速，后劲十足。目前排在第二位，仅次于挪威。在全球气候变化的大背景下，磷虾渔场的时空分布和资源量变动越来越受重视。

现有研究表明，南极半岛是南极升温最快的区域。升温使海冰面积减小，进而导致南极磷虾的分布向南收缩（Kawaguchi S et al., 2023），这有可能导致企鹅等南极动物的磷虾捕食与磷虾渔业活动的矛盾加剧，需要加以关注。通过对中国第30次南极科学考察（继"发现"号环南极航次后全球唯一的一次环南极航次）的样品数据及南极磷虾种群数据库资料分析，我国科学家发现在环境快速变化的大西洋扇区磷虾丰度减小，相对稳定的印度洋和太平洋扇区成为南极磷虾的避难所，能够比一个世纪之前容纳更多的磷虾种群（图9.7；Yang G et al., 2021）。

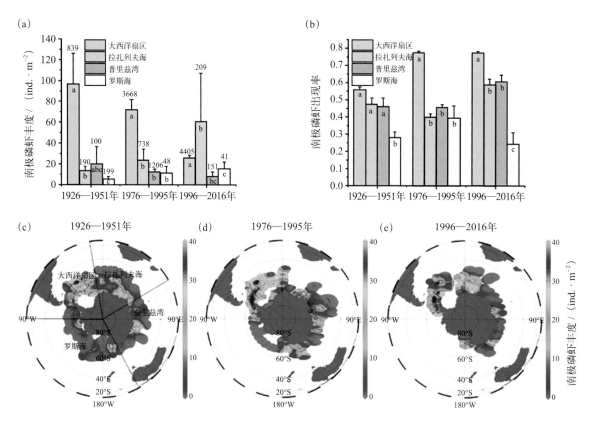

图 9.7　南极磷虾环南极种群的时空变动（1926—2016 年）（Yang G et al., 2021）

一方面，南大洋大西洋扇区的磷虾南移压缩了分布空间，另一方面，南极渔业活动也从环南大洋集中到了大西洋扇区。据南极海洋生物资源养护委员会（CCAMLR）统计，20 世纪 70 年代，磷虾渔业遍布整个南大洋，80 年代末，印度洋成为磷虾捕捞的主要渔场，90 年代开始逐渐向南大西洋转移，而自 1996 年以来，磷虾的捕捞作业几乎完全集中在南设得兰群岛、南乔治亚岛和南奥克尼群岛周边海域（图 9.8；CCAMLR Secretariat，2020）。

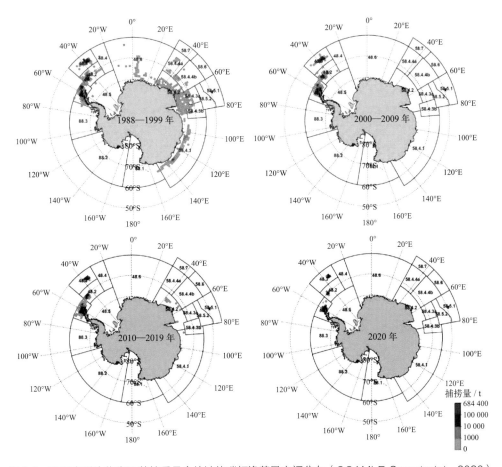

图 9.8　南极海洋生物资源养护委员会统计的磷虾渔获量空间分布（CCAMLR Secretariat，2020）

依据我国 2010—2019 年南极磷虾捕捞渔船的生产资料，分析了南极海域 48 渔区（大西洋扇区）南极磷虾渔场的分布特点。结果显示，南极磷虾捕捞量主要集中在 48.1 亚区，占比为 70.30%；年间单位捕捞努力量渔获量（CPUE）曲线上升，最小值为 2012 年，最大值为 2019 年；月间 CPUE 先增后降，最小值为 1 月，最大值为 6 月。48.1 亚区的年间渔场重心均往西南方向移动，48.2 亚区年间的渔场重心东移，而 48.3 亚区年间渔场重心则南移。48.1 亚区渔场重心主要分布于布兰斯菲尔德海峡，48.2 亚区渔场重心分布于南奥克尼群岛东侧。48.3 亚区渔场重心分布于南乔治亚群岛东北侧（图 9.9 和图 9.10；赵国庆等，2022a）。

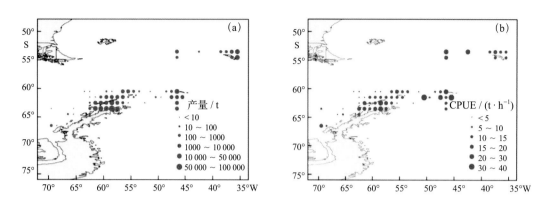

图 9.9　2010—2019 年南极磷虾（a）产量空间变化和（b）CPUE 空间变化（赵国庆等，2022a）

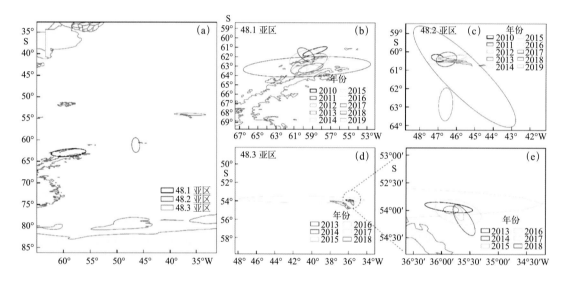

图 9.10　2010—2019 年南极磷虾产量分布标准差椭圆（赵国庆等，2022a）

　　而对中国 2010—2020 年南极磷虾渔业统计资料的分析也显示，南极半岛北部水域磷虾渔获量在空间分布上由分散演变为集中，由南设得兰群岛北侧逐渐过渡到布兰斯菲尔德海峡；磷虾渔场分布的热点区也由南设得兰群岛北部逐渐向布兰斯菲尔德海峡内迁移（赵国庆等，2022b）。研究表明，南极磷虾适宜栖息地主要位于布兰斯菲尔德海峡中部（陈洵子和朱国平，2022），因而中部也成为一个重要的中心渔场（Ying Y P et al., 2017；Wang X L et al., 2017b）。南极半岛北部磷虾渔场的离岸距离远近与该海域海冰边界消融和生长规律相吻合（杨晓明和朱国平，2018）。

　　基于 2010—2016 年南极海洋生物资源开发利用项目执行期间采集的数据以及全球环境数据网站获得的环境数据，对南极半岛北部区域的磷虾群时空分布及其生态效应展开研究，结果显示，丰度较高的磷虾群主要分布在深度 175 ~ 450 m 范围内，海水温度范围为 −1.1 ~ 0.9℃；南设得兰群岛东—西水域海温与磷虾渔业 CPUE 的空间分布具有东—西方向的正相关关系，而虾群深度与离岸距离对 CPUE 的空间分布主要表现为负相关关系，且存在着年际和区域性差异（陈吕凤，2018）。本研究结果可为进一步解释磷虾群空间分布及其与环境因子之间的关系提供借鉴，并为探究磷虾渔业与磷虾依存者之间的相关性指明思路。

一般来说，对南极磷虾分布和生物量的评估主要基于科学调查船的现场调查，但随着对渔船获取数据的相对噪声识别、磷虾识别和密度估计的统计技术（Wang X L et al., 2016, 2017a；Zhao Y X et al., 2021）的发展，我国研发了一套相对成熟的渔场声学数据处理方法。该方法克服了传统频差识别方法中必须使用多个频率的局限性（Wang X L et al., 2017a），提高了基于渔船的声学数据在一系列目标中的实用性，并在 2019 年国际联合调查航次中基于南极磷虾资源数据进行了应用和验证。图 9.11 为"福荣海"号中国磷虾渔船自 2015/2016 年度捕鱼季节以来在布兰斯菲尔德海峡的航迹，对收集到的声学数据进行了分析。结果显示，磷虾密度的分布在空间上并不均匀。模拟估计，2 月磷虾资源密度（回声积分值）约为 1990 m^2/nm^2，5 月增至约 8760 m^2/nm（Zhao Y X et al., 2022）。

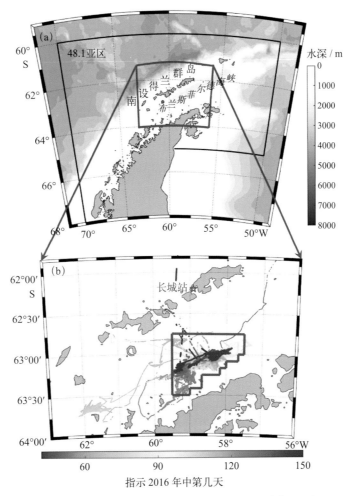

图 9.11 研究区域（a）CCAMLR48.1 亚区地形图，（b）"福荣海"号渔船 2016 年 2—5 月航迹示意图（Zhao Y X et al., 2022）

（b）中红色多边形范围（63.50°—62.90°S，59.50°—57.75°W）为磷虾资源密度评估区域

我国"福荣海"号磷虾渔船在布兰斯菲尔德海峡主要渔场收集的声学数据显示，磷虾生物量的月间差异巨大，无法仅用个体生长来解释，海流对磷虾的输运可能发挥了重要作用（Zhao Y X et al., 2021）。海峡北部的水流方向为自西向东，从别林斯高晋海沿岸流到布兰斯菲尔德海峡；而南部是从威德尔海进入海峡内部的向北的南极海岸流的一个分支（Trathan P N et al., 2022）。来自别林斯高晋海和威德尔海的洋流侵入海峡，提供磷虾的来源，并影响磷虾生物量和生物结构的变化。布兰斯菲尔德海峡的特殊地形产生了许多涡流，为磷虾的聚集和滞留提供了环境，磷虾在这一热点地区聚集和滞留的驱动机制需要进一步研究。

利用 Getis-Ord Gi 方法分析了布兰斯菲尔德海峡磷虾时空分布与环境变量间的关系，发现在热点和冷点地区，环境变量与磷虾分布通常表现出相反的趋势。此外，地理空间特征，包括 200 m 和 1000 m 等深线的距离和深度，可能是决定磷虾栖息地特征的主要因素，中等水平的涡动能有利于磷虾的聚集（Chen Z et al., 2023）。

9.3　小结与展望

南极半岛周边海域是南极海洋环境变化最快的区域，升温和海冰面积的减少会对海洋生态系统，包括磷虾分布与生物量产生重大影响。长城站周边海域已成为南极磷虾渔业最为重要的活动区域，特别是位于南极半岛北端与其北部南设得兰群岛之间的布兰斯菲尔德海峡，是目前南极磷虾捕捞活动最为集中的海域之一，我国的南极磷虾捕捞也主要集中于此。该海峡生态环境变化，会对生物资源养护措施和磷虾渔业生产产生重要影响。因而，未来应以长城站为基点，结合卫星遥感数据和船基海洋调查资料，开展与气候变暖相关的长期变化监测与研究。

9.3.1　海冰和海洋叶绿素的长期变化监测及变化机理研究

利用卫星遥感数据资料，开展长城站周边海域（布兰斯菲尔德海峡、德雷克海峡南部海域等）海冰和初级生物量的季节和年际变化以及调控机理研究，并通过现场调查提供观测资料的验证。为我国的南大洋生态系统的气候变化影响等前沿科学研究提供支撑。

9.3.2　海洋生态系统和磷虾资源量变化研究

一方面，需要进一步提升依托长城站的海洋调查支撑能力，在马克斯韦尔湾乃至更南的布兰斯菲尔德海峡北部陆架区开展海洋调查研究；另一方面，需要依托考察船，在海峡内设立断面进行生态环境综合调查和南极磷虾资源量评估。同时，发展潜标声学长期观测系统，在海峡内布设相关阵列，获取上层海洋磷虾季节变化数据，为长城站周边海域磷虾资源量评估及其季节和年际变化研究提供长期基础资料。

第 10 章
南极长城站科学考察总结与未来发展建议

10.1 南极长城站亮点科研成果

10.1.1 掌握了长城站周边地区生态环境现状及变化特征

10.1.1.1 气温呈年代际波动上升，极端天气事件陡增

在 2000 年之前，南极半岛和西南极洲延续过去 40 余年快速升温的趋势，而东南极洲的气温变化不显著；但受自然变率驱动的年代际波动影响，自 2000 年以来，南极的温度趋势发生了大范围逆转，表现为南极半岛升温减缓，而南极点却经历了快速升温的过程。这种趋势逆转表现出强烈的区域性和季节性变化特征。研究表明，南极半岛温度趋势的逆转主要是阿蒙森海和南极半岛－威德尔海环流变化所导致的。在 2000 年之前，阿蒙森低压不断加强和南极半岛－威德尔海区域异常高压，导致温暖空气从低纬度向西南极洲输送，从而导致了西南极和南极半岛的显著增暖。而在 2000 年之后，南极半岛－威德尔海区域转变为异常低压中心，热力输送异常逆转导致了南极半岛的增温速率减缓。而与升温相对应，长城站夏季的总降水量或降水天数没有明显变化，但在 1985—2001 年间，夏季的降雨天数增加，而降雪天数减少；在 2001—2014 年间，降雨天数以 $-14.13\ d/(10\ a)$ 的速率显著减少，而降雪天数则以 $14.31\ d/(10\ a)$ 的速率显著增加。相关变化会明显影响植被和企鹅等物种的数量和分布。

受南极半岛附近大气阻塞活动影响，在过去的 10 年中，南极地区极端天气气候事件频发。南半球夏季期间季节内和天气尺度大气环流异常对南极半岛极端温度事件存在驱动作用。其中，季节内振荡引起的温度平流项对温度极端事件的形成和发展起到了最大的推动作用。天气尺度变化引起的温度平流项影响了极端温度事件峰值点附近的温度异常。受南极半岛显著变暖的影响，未来极端天气气候事件在南极半岛可能会更加频繁发生，强度可能也会较以往增强。极端增温和降雨事件的增加会促进地表积雪的融化，加速南极半岛冰川和冰盖的消融，影响生态系统的结构和功能。

研究表明，快速变暖将导致极地地区永久冻土融化，影响极地冻土环境下的植被生长和土壤结构稳定性，导致土壤微生物数量、活性和活动层厚度发生显著变化，冻土中所束缚的大量有机质释放，继而促进甲烷和一氧化二氮等温室气体的排放，从而对气候变化产生正反馈。研究表明，紫外辐射的减少、养分的增加（如企鹅、海豹活动影响区）可显著增加南极苔原甲烷和一氧化二氮的排放量。大型企鹅群落的下风区域，每只企鹅排放的硫可高达 $5.5\times10^{-5}\ \mathrm{nmol/m^3}$，可能会显著影响南极区域的大气硫收支。

10.1.1.2 局域污染明显，部分污染物生物富集显著

2011 年以来，西南极大气中典型持久性有机污染物如多氯联苯浓度出现下降趋势，而有机氯农药和多溴联苯醚的变化趋势并不明显，新型卤代阻燃剂类污染物如有机磷酸酯、新型溴代

阻燃剂、多氯萘和氯化石蜡的浓度则整体上呈上升趋势。分析表明，这种变化与世界范围内的使用量和相关工业品的产业结构调整相关。对不同有机污染物来源分析发现，多氯联苯等传统持久性有机污染物的环境特征与典型源排放特征有较大差别，反映了大气长距离传输作用的影响；而新型卤代阻燃剂类持久性有机污染物中部分单体浓度水平较高，表明其来源与本地环境密切相关。

研究表明，短链氯化石蜡、得克隆及其衍生物、多氯萘、全氟和多氟烷基化合物、有机磷酸酯等新污染物的浓度要高于多氯联苯、多溴联苯醚等传统持久性有机污染物，而抗生素抗性基因在淡水、海水和雪藻中普遍存在。污染物浓度整体上远低于中、低纬度人类活动密集地区，但人类活动对局域环境的影响不可忽视，如多环芳烃主要来源于大气传输和燃料燃烧，而六溴环十二烷在苔藓中的浓度较高，并且越靠近考察站越高。

对不同生物种群的研究表明，生物体对污染物的吸附与污染物特性相关，部分单体可通过食物链呈现出营养级放大趋势。分析发现，随着分子量的减小，气相中的多环芳烃更容易在苔藓中富集；分子量越大，颗粒相中的多环芳烃越容易在土壤中富集；高分子量多环芳烃更容易在生物体内富集。高营养级生物（如贼鸥）体内多氯联苯含量要比低营养级生物的高出两个数量级。菲尔德斯半岛 5 种优势地衣表现出了对重金属的富集能力，簇花石萝和夹心果衣组合是监测大气沉降钴、铬、铜和铅元素的首选载体，而夹心果衣则是单独检测大气沉降中钴、铅和铜的首选载体。

10.1.2　揭示了长城站周边地区生态系统的变迁

10.1.2.1　陆地植被受升温影响明显，不同类群响应各异

南极半岛的升温增加了无冰地区的温度和水供应，这些变化相对于南极其他地区更为显著，不同植被类群呈现出更为复杂和异质的反应。总体而言，升温促进了南极发草等维管植物的生长和分布，但对苔藓和地衣则存在明显的负面影响。

研究表明，近年来两种维管植物——南极发草和南极漆姑草种群大小迅速增加以及在新的区域出现，被认为是对区域变暖和更长生长季的响应。控制实验也证实，这两个物种对升温都有正反馈响应，随着气候变暖，地上生物量、生长速率、水分利用效率以及花和种子产量都有所增加。因此，这两个种类被认为是菲尔德斯半岛等亚南极岛屿区域气候变暖的良好生物指标。我国科学家依托长城站于 2013—2015 年 1 月和 2 月（中国第 29 次至第 31 次南极科学考察期间）在菲尔德斯半岛建立了 13 个固定样方。这些样方代表了不同的微环境，植被方面共发现南极发草、8 种苔藓和 14 种地衣。多年的连续观测发现，样方内南极发草和苔藓盖度随气候变暖而明显增加，但种类组成并没有明显改变。

尽管样方内苔藓的盖度呈现出增加趋势，但对菲尔德斯半岛植被航空遥感资料的分析则显

示，升温对苔藓和地衣的分布造成了明显的负面影响。通过植被丰度和光谱特征的分析显示，不健康的苔藓占比呈上升趋势，表明随着气候变化，菲尔德斯半岛的苔藓群落正经历不可忽视的环境压力。而通过遥感监测也表明，2006—2017 年的 11 年间，植被总面积损失了 4.5%，其中松罗属地衣种（*Usnea* sp.）减少了 10.3%，苔藓减少了 9.8%。因而从长远来看，随着气温的进一步波动上升，菲尔德斯半岛的植被将出现明显的群落演替，南极发草等维管植物将进一步增加，而苔藓和地衣的面积则将进一步减少。

10.1.2.2 南极磷虾分布南移，渔业资源利用面临压力

综合了南极磷虾种群数据库和美国国家航空航天局卫星遥感的叶绿素数据集，量化了南极磷虾和浮游植物的南移过程，结果表明，两者均表现出北部减少、南部增多的特征，分界线分别为 65°S 和 64°S。从 20 世纪 80 年代至 21 世纪第二个 10 年共约 40 年间，两种生物类群的分布区平均纬度分别南移了 0.8° 和 2.3°。

研究发现，春季偏正的大西洋多年代际涛动会促进西南极半岛表层海水变暖、海冰减少且消退的时间提前，同时风速增加，混合层加深。对于西南极半岛北部地区，以上因素将导致浮游植物在水华期光照不足，生产力降低，从而限制了南极磷虾繁殖期的食物来源。后者将导致 1 a 后南极磷虾的丰度减小，进而降低企鹅的繁殖成功率和 5 a 后企鹅的种群数量；对于西南极半岛南部，由于原本的海冰覆盖期过长，而大西洋多年代际涛动的偏正导致冰退提前，从而变得更加适宜浮游植物生长，进而促进了南极磷虾和企鹅增多。以上结果表明，西南极半岛高营养级生物企鹅的种群数量和地理分布变化很大程度上受到来自气候环境要素驱动的食物链底层生物种群变化的影响。

西南极半岛南极磷虾的整体南移，也体现在南极磷虾捕捞的渔业活动区域。对我国 2010—2020 年南极磷虾渔业统计资料的分析显示，南极半岛北部水域南极磷虾渔获量在空间分布上由分散演变为集中，由南设得兰群岛北侧逐渐过渡到布兰斯菲尔德海峡，南极磷虾渔场分布的热点区也由群岛北部逐渐向海峡内迁移。研究表明，海流是南极磷虾输运并在海峡中部形成渔业热点的主要因素。

南极磷虾生物量和分布会影响对南极磷虾资源的利用。通过对"雪龙"号环南大洋航行采集的样品分析，结合南极磷虾共享数据库，我国科学家发现在环境快速变化的大西洋扇区南极磷虾丰度减小，未来相对稳定的印度洋和太平洋扇区成为南极磷虾的避难所，能够比一个世纪之前容纳更多的南极磷虾种群，从而保证南极磷虾资源的可持续利用。

10.1.2.3 企鹅整体分布南移

菲尔德斯半岛所在的西南极半岛是南极升温最快的地区，生境的剧烈动荡导致多个物种的数量和分布出现大幅变化。研究发现，在过去 40 年中，阿德利企鹅和帽带企鹅整体数量减少，

而它们分布区最南部的繁殖种群则多数表现为数量增加；大部分金图企鹅繁殖地的种群数量增加，而增加最快的区域也位于其分布的最南端。因此，3 种企鹅均表现出分布区南移的趋势。

具体而言，南奥克尼群岛、南设得兰群岛和帕尔默地（即 67°S 以北地区）的阿德利企鹅数量均呈现不同程度的下降。与之相反，在 67°S 以南的玛格丽特湾地区，阿德利企鹅的数量出现了增长，年平均增长率为 1% ~ 5%。在南极半岛最北端，阿德利企鹅的数量没有明显的增加或减少趋势，可能是由于该地区繁殖的阿德利企鹅更多地栖息于威德尔海，而威德尔海的气候和海洋条件在现代记录中与西南极半岛的截然不同。在整个西南极半岛，阿德利企鹅分布中心的平均纬度从 20 世纪 80 年代的 63.4°S（63.2—63.5°S）变动到 21 世纪第二个 10 年的 63.6°S（63.2—64.0°S），仅略有变化，但这种稳定性是由于南极半岛最北端的种群占西南极半岛总种群的比例较大（60% ~ 80%）。如果排除这一地区，则阿德利企鹅分布区的纬度变化会从62.0°S（61.5—62.7°S）南移至 63.6°S（61.8—65.4°S），平均每 10 年变化约 0.5°。

10.1.2.4　阿德利岛环境变迁导致企鹅种群东移

阿德利岛现代企鹅繁殖地全部分布在岛屿东部，但栖息历史只有 900 a；而岛屿西部从全新世中期开始就存在企鹅。西部企鹅的种群数量在大约 400 a B.P. 达到顶峰，在 111 a B.P. 开始迅速减少，这可能与近几十年来气温升高和降雪量增加有关。

阿德利岛位于南极半岛乔治王岛西南端，处于西风带的南部边缘。现代记录表明，过去几十年西风增强且南移，受南半球环状模正相位的驱动，气旋、风暴活动增加，来自北方、西北方的海洋暖湿气流增强，带来更多的降雪。发现 1000 ~ 500 a B.P.，低压槽向极地方向运动，阿蒙森海低压增强，西风强度增加且南移，南极洲沿海和内陆地区的环流和空气运输加强；同时气温上升，表明西风对我们研究地区的气候和大气状况的影响越来越大。西风的这些趋势为 1000 a B.P. 以来企鹅在阿德利岛的移动提供了一个可能的机制。当南半球环状模处于正相位时，西风被加强，导致研究区域的气旋和风暴增加。因此，穿过阿德利岛的暖湿气流的增强和持续的西北气流将带来比正常情况下更多的降雪。风力的加强和积雪的增加都可能导致阿德利岛的西部不再适合企鹅筑巢，并逐渐将企鹅驱赶到更避风的东边。到大约 500 a B.P. 时，南半球环状模开始向更正相位阶段转变，并进一步将企鹅推向东部。

10.1.3　初步掌握了气候变化和人类活动对生态系统的潜在影响

对菲尔德斯半岛生态环境脆弱性的研究表明：在区域尺度上，该地区生态环境的脆弱性是以结构型脆弱为主、胁迫型脆弱为辅的脆弱性；但从整个南极尺度来看，人类活动胁迫型脆弱则是菲尔德斯半岛最显著的特征；菲尔德斯半岛生态环境脆弱性特点表现为以结构型脆弱为基础，在人类活动胁迫下的一种综合脆弱性。极脆弱区主要分布在菲尔德斯半岛中部、阿德利岛东海岸、菲尔德斯半岛东海岸考察站周围的地带，以及菲尔德斯半岛南部呈零散不连续分布的小区块。

从整体上来看，从沿海到陆地内部总体上体现了由极脆弱向轻微脆弱逐渐过渡的特征（除费雷站、别林斯高晋站和马尔什机场周围）。脆弱性在菲尔德斯半岛北部呈现较为连续的分布，而在其南部分布较为零散。

对菲尔德斯半岛生态健康评估结果显示，半岛整体生态健康状况良好。在气候变化、有机污染物、无机污染物、考察站建设、发电、燃油泄漏和旅游业7种威胁的影响分析表明，57.3%的陆域经历了"极低影响"或"低影响"得分。其中，累积性影响高、中、低等级面积占比大约为1：1：3。高累积性影响区域主要位于菲尔德斯半岛中部和东部及阿德利岛区域，这些区域为人类主要活动区域和企鹅栖息地。气候变化（$IC=5.1$）、有机污染物（$IC=2.6$）及旅游业（$IC=0.7$）影响最大。就单一因素而言，气候变化被认为是南极洲陆地生态系统面临的一个迅速增长的最大威胁，其次是有机污染物。对生态完整性的分析同时表明，气候变化对研究区域的生态完整性产生了重大影响。

菲尔德斯半岛由于人类多种形式的活动而面临着越来越大的压力。科学研究、考察站运行及维护、物资运输、旅游、船舶交通、高强度的空中交通和车辆的频繁使用都会影响当地环境。特别是近年来南极旅游业的发展，该地区的生态环境面临着更大的压力。根据专家判断进行的累积影响评估显示，尽管人类活动的影响远不如气候变化的影响，但旅游业已超过科学考察，成为所有人类活动中影响最大的因素。人类活动最为直接的影响是环境污染，导致土壤、苔藓和动物体内有机污染物和无机污染物，以及重金属含量的增加。

10.1.4　厘清了长城站周边地区的生物资源特性及利用前景

10.1.4.1　微生物多样性与新种发现

对菲尔德斯半岛微生物多样性的研究表明，沿岸海域的优势微型真核生物类群以腰鞭毛类、隐藻、不等鞭毛类、塔胞藻、末丝虫（Telonema）和Cryothecomonas等浮游鞭毛类为主，主要的优势类群为金藻、绿藻和隐藻。近岸海湾原核生物优势类群为变形菌、蓝细菌和拟杆菌；而冰川前缘湖泊中的优势类群为拟杆菌、放线菌和变形菌。冰川前缘淡水的α多样性要高于近岸海水的多样性，冰川前缘湖泊较近岸海水的群落结构更复杂、更稳定。而对雪藻的研究显示，红雪的主要微藻类群为Sanguina、拟衣藻属（Chloromonas）和共球藻纲（Trebouxiophyceae），绿雪中的优势藻类为Trebouxiophyceae、石莼纲（Ulvophyceae）和金藻。与有色雪藻关联的微生物群落为变形菌门和拟杆菌门。

我国在20世纪90年代中后期就注意到了极地微生物资源的潜在价值和战略意义，并开展了相关的多样性调查及部分资源收集工作，长城站周边地区是微生物资源调查、分析和利用潜力评估的主要区域之一。目前已从南极菲尔德斯半岛地区的样品中分离获得并发表了细菌新种42个（其中6个是新属）、藻类新种2个、酵母新种2个、原生生物新科1个。其中，大部分新种分离自土壤，其余分离自海湾沉积物、海水、地衣、苔藓、海绵、沼泽、鲸骨、企鹅粪等基物。其中分离获得的细菌新种主要属于变形菌门和放线菌门，所有新种都可以在低温（0℃或者4℃）生长，并且细胞膜中几乎都含有大量不饱和脂肪酸，这有利于低温下保持细胞膜的流动性以适应低温环境。新种的发现为生物环境适应机理、生态作用、生命进化等理论研究和潜在应用提供了新材料和资源。

10.1.4.2　功能微生物分析

我国多家科研院所对采集自南极菲尔德斯半岛的土壤和潮间带沉积物样品进行了细菌、真菌的分离和培养。虽然不同站位的细菌和真菌多样性存在一定的差异，但是结果都表明，南极菲尔德斯半岛地区具有丰富的微生物，其中假单胞菌属（*Pseudomonas*）和节杆菌属（*Arthrobacter*）为优势细菌类群；地丝霉属（*Geomyces*）和被孢霉属（*Mortierella*）为优势真菌类群。对分离得到的细菌和真菌分别进行理化性质和胞外酶活性鉴定，结果显示绝大多数可产生水解酶类。而且有些微生物还能够产生各种新化合物，具有抗菌和抑制肿瘤的作用。推测这些特性和产物有利于微生物在参与南极物质代谢、适应南极极端环境方面发挥作用。从而成为低温酶的储存库和潜在药物资源库。

虽然在菲尔德斯地区已经获得了很多微生物资源，来自该地区的功能微生物获批专利6项，但是在进行产业化的仍很有限。目前，从菲尔德斯半岛潮间带沉积物样品中分离得到的一株能分泌紫红色色素的微生物，经过分析其菌落特征、显微形态观察和ITS序列后，将其归纳为地丝霉属（*Geomyces* sp.）。并对该色素进行了系统的研究，暂定名为南极红色素。该色素与进口产品胭脂虫红色素具有相近的吸光值，属于同色相物，目前已经完成中试，正在申请进入国家食品添加剂目录。

10.2　南极长城站科学考察未来发展与展望

长城站自建站以来，在我国南极科学考察中发挥了重大的作用，取得了一系列有国际影响力的科研成果。但由于监测体系不够完善，加之受海上科学考察支撑保障能力的限制，辐射区域有限，极大地限制了长城站这一常年越冬站作为我国西南极科学考察支点的作用。为充分发挥长城站的科学考察支撑作用，更好地理解南极生态系统对气候变化的响应、加强南极生态系统的保护与治理、为我国合理利用南极生物资源提供科技支撑，未来应进一步梳理监测指标体系，聚焦研究内容，加强监测网络、实验平台和科学考察支撑能力建设，组织国内外科研团队开展前沿科学问题攻关、优化生态环境评价和极地生物资源应用潜力评估体系，为"认识南极、保护南极、利用南极"做出积极的贡献。

10.2.1 遴选生态环境监测指标，构建完善的监测评价体系

长城站所在的南极半岛及其周边海域，是南极气候变化最为显著的地区，同时也是南极人类活动最为集中的地区之一，科学考察活动、航空支撑和旅游活动高度重叠，导致南极半岛，特别是长城站所在的菲尔德斯半岛的生态环境面临着极大的压力。

我国科研工作者已在菲尔德斯半岛及周边地区开展了大量的大气、陆地、海洋和生物群落分析研究，获取了有关微生物、陆地植被、湖泊和近岸海洋微型生物区系、磷虾和企鹅等变迁和演替等基本特征，但总体上还是只有自由探索研究积累的成果，主线不够突出，持续性不够，集中力量办大事的优势没有发挥出来。可以预见的是，随着全球气候变暖以及各国在南极地区参与度的不断提升，长城站周边地区无论是气候变化还是人类活动都将更为剧烈。为此，亟须在现有科学考察成果的基础上，通过综合分析评判，遴选出无论是对气候变化还是人类活动影响的敏感性指标和指示物种，加强对敏感性指标和指示物种的重点监测和分析研究，从而达到事半功倍的效果。目前，长城站正在推进自动化观 / 监测系统建设，需要特别关注监测的科研和评价效率，有针对性地分步推进。

此外，对菲尔德斯半岛地区的生态系统健康评价目前仍是个短板。尽管有相关研究，但数量有限。而这是我国提升对该地区生态环境认知和加强生态环境保护措施的重要基础，需要强化后续工作，建立一套系统的评价方法。该方法应在现有专家问卷等方法的基础上进一步提高，需要合理构建评价指标体系，不仅能评价生态系统的脆弱性，还应能很好地区分气候变化和人类活动各自的影响程度，从而有针对性地提出生态系统保护措施。

10.2.2 丰富监测调查手段，提升现场考察与研究成效

由于极地考察主要集中在夏季，且通常时间短、任务重，就提高科学考察效率而言，除了增强现场考察的保障支撑外，监测调查手段的自动化和长期化就显得尤为重要。应进一步优化升级现有监测调查手段，如升级气象自动观测和提高大气垂直观测能力。

需要重点推进航空监测技术的应用。其优势在于可全面了解菲尔德斯半岛陆地植被覆盖、阿德利岛企鹅种群丰度等信息。我国曾在菲尔德斯半岛开展过陆地植被的航空遥感观测，但缺少长期监测，现有数据无法支撑系统开展该区域陆地生态系统脆弱性和健康度的评估。我国已在菲尔德斯半岛及其邻近的阿德利岛建立了 13 个植被样方，用于植被的监测。未来应加强相关监测，并要利用航空监测推进对整个半岛的了解。

应加强针对企鹅、海豹等大型生物的自动化观测装备研发。需要针对现有商业化的野生动物监测红外相机进行极地环境适配改造，以满足在极地恶劣天气下使用的要求。需利用人工智能技术手段，实现现场图像的自动计数及数据更新，或对人工拍摄或遥感获取的照片进行企鹅的自动判别和计数。此外，利用企鹅 / 海豹捆绑式探测器采集其活动海域的温盐等基础数据，进

一步拓展观测范围。

10.2.3　聚焦生态系统对气候变化和人类活动响应的研究，提升对生态特性和变化的认知

气候变化和人类活动是影响长城站周边地区生态系统的两大要素，而目前对实际产生的影响和未来潜在影响的研究还不够，因而对影响源的区分往往存在困难。为此，一方面，需要继续完善现有的监测体系，特别是加强越冬观测研究，获取完整的季节和年际变化数据，从而更好地认知生态系统的季节变化；另一方面，应充分利用现场科学考察条件，推进依托现场和实验室人工模拟环境的实验研究，分析生物种群和群落的环境适应性和调控机制，提升未来变化的预测能力。此外，应鼓励多学科交叉，加强与考察船及其他考察站的协同观测，推进考察资源效能的最大化。

我国已对菲尔德斯半岛地区开展了大量的污染物分析，特别是新污染物的分析研究，但这类污染物在环境中的赋存量很低，在生物个体中的含量也不高，对生物群落的影响有待评估。对于陆地湖泊和近岸海域，目前仍需要对浮游生物群落结构进行分析，遴选环境变化指示种，开展针对性监测研究。企鹅和海豹均为南大洋食物网中的高营养级生物，德国科研工作者从1968年开始对阿德利岛企鹅进行观测，我国近年来也在该地区开展了企鹅和海豹的越冬监测，但我们如何能做到有特色地开展观测分析，或针对性地开展监测和研究工作，需要进一步梳理谋划。

10.2.4　加强对生物资源利用潜力的研究与评估，强化长城国家野外站的利用能力

长城站周边地区的生物资源极为丰富，是生物资源利用的主要场所。未来需要以长城国家野外站为支点，进一步优化实验室基础条件，扩建低温实验室，提升南极现场微生物菌株分离纯化和培养的自动化程度，为微生物资源的获取提供更好的平台条件。

在海域生态系统方面，应面向马克斯韦尔湾至布兰斯菲尔德海峡设立长期监测断面，一方面，通过布设生态潜标，获取有关基础环境和磷虾等关键种群的长期连续观测资料，开展磷虾种群的资源量评估和环境调控机理研究；另一方面，通过"雪龙"号等考察船的协同调查，获取基础生态环境资料，并与潜标数据进行验证，从而更好地了解周边海域磷虾种群生态特征和变化趋势，为生物资源合理利用提供科学支撑。

10.2.5　深化国际合作，进一步拓展长城站的科学考察辐射能力

目前，依托长城站的科学考察活动主要局限在菲尔德斯半岛，而海上的交通工具主要为带动力的橡皮艇，因而海上的活动范围主要在菲尔德斯半岛南部的马克斯韦尔湾以及近岸的长城湾和阿德利湾。长城站所在的菲尔德斯半岛各国考察站众多，各考察站之间关系良好，相互往

来较多。

　　长城站应充分发挥这一区位特点，以站为基点，向南极半岛拓展和辐射。在到达能力方面，通过与其他国家的考察站合作，利用其他国家的考察船或直升机，扩大自身的调查区域，而不仅仅是局限于菲尔德斯半岛周边。在科学考察活动方面，可以与其他国家的科学家开展联合监测、举办站际国际学术研讨会等，通过数据共享和成果共享等形式，共同推进全球气候变化及其生态响应等前沿科学问题的研究。

参考文献

陈吕凤，2018. 南极半岛北部磷虾渔场时空分布及其生态环境效应研究 [D]. 上海：上海海洋大学 .

陈泃子，朱国平，2022. 基于物种分布集成模型的布兰斯菲尔德海峡南极磷虾栖息地研究 [J]. 水产学报，46(3): 390–401.

丁明虎，秦大河，效存德，2022. 2022 年南极 3·18 爆发性增温事件及其可能原因 [J]. 气候变化研究进展，18(3): 384–388.

丁明虎，张东启，卞林根，等，2023. 中国极地气候变化年报（2022 年）[M]. 北京：气象出版社 .

高云泽，2020. 南极菲尔德斯半岛生态环境影响因素及现状评估 [D]. 上海：上海海洋大学 .

葛林科，任红蕾，霍城，等，2015. 冰中 9– 羟基芴的光化学降解 [J]. 中国科学：化学，45(6): 655–661.

韩微，效存德，郭晓寅，等，2018. 南极长城站和中山站降水形态变化特征的研究 [J]. 气候变化研究进展，14(2): 120–126.

金滨滨，王能飞，张梅，等，2014. 南极红色素与胭脂虫红色素稳定性对比研究 [J]. 食品与发酵工业，40(2): 164–169.

焦亚彬，崔巍然，欧阳晴晴，等，2023. 一株高产表面活性剂的南极土地杆菌的分离及其特性 [J]. 微生物学通报，50(8): 3285–3299. DOI:10.13344/j.microbiol.china.221081.

李红华，李英明，王璞，等，2023. 六溴环十二烷（HBCDs）在南极菲尔德斯半岛和阿德利岛的分布 [J]. 环境化学，43(3): 813–821.

李亚婧，李颖，魏泽勋，2019. 南极半岛周边海域水团及水交换的研究 [J]. 海洋学报，41(9):13–25.

林丽金，史久新，姚辰阳，等，2022. 南极威德尔 – 斯科舍汇流区上层湍流混合特征及其与水团和环流的联系 [J]. 极地研究，34(01): 34–50.

林祥，卞林根，2017. 南极长城站和中山站的近期气候变化及其对南极涛动的响应 [J]. 极地研究，29(3): 357–367.

刘春影，丛柏林，王能飞，等，2016. 南极菲尔德斯半岛可培养土壤微生物多样性及理化性质鉴定 [J]. 海洋学报，38(6): 69–81.

刘华杰，陈珍，吴清凤，2010. 五种南极地衣的 Co、Cr、Pb 和 Cu 元素富集能力的差异 [J]. 菌物学报，29(5): 719–725.

刘杰，张丹丹，董龙龙，等，2017a. 南极菲尔德斯半岛土壤氮循环微生物类群数量与功能活性的初步研究 [J]. 极地研究，29(01): 82–89. DOI:10.13679/j.jdyj.2017.1.082.

刘杰，董龙龙，郭昱东，等，2017b. 南极真菌红色素与红曲红色素稳定性的比较 [J]. 食品与发酵工业，42(2): 91–95.

刘玥，庞小平，赵羲，等，2021. 1979—2018 年南极海冰边缘范围时空变化研究 [J]. 极地研究，33(4): 508–517.

马新东，姚子伟，王震，等，2014. 南极菲尔德斯半岛多环境介质中多环芳烃分布特征及环境行为研究 [J]. 极地研究，3: 285–291.

庞小平, 2008. 基于 GIS 的南极无冰区生态环境脆弱性评价研究 [J]. 武汉大学学报（信息科学版）, 11: 1174–1177.

史久新, 孙永明, 矫玉田, 等, 2016. 2011/2012 年夏季南极半岛北端周边海域的水团与水交换 [J]. 极地研究, 28(1): 67–79.

孙莹莹, 张坤, 高伟, 等, 2022. 南极土壤可培养石油降解细菌多样性及降解特性研究 [J]. 环境科学学报, 42(03): 400–417. DOI:10.13671/j.hjkxxb.2021.0298.

郑智轩, 崔芳溪, 王子宇, 等, 2024. 水中与冰中多环芳烃衍生物对发光细菌（*Vibrio fischeri*）的光修饰毒性 [J]. 环境化学, 43(8): 1111–1120.

王玉璟, 李胜男, 袁嘉琳, 等, 2022. 南极菲尔德斯半岛潮间带沉积物细菌的多样性及分离菌产酶测定 [J]. 海洋科学, 46(9): 46–54.

吴蕾蕾, 商丽, 孙浩, 等, 2020. 南极菲尔德斯半岛潮间带沉积物细菌群落结构分析及产酶菌株初步筛选 [J]. 极地研究, 32(4): 512–522. DOI:10.13679/j.jdyj.20190069.

杨晓, 丁慧, 臧家业, 等, 2016. 南极菲尔德斯半岛土壤可培养细菌多样性分析 [J]. 极地研究, 28(1): 34–41. DOI:10.13679/j.jdyj.2016.1.034.

杨晓明, 朱国平, 2018. 基于点模式模型的南极半岛北部南极磷虾渔场的时空变动 [J]. 水产学报, 42(3): 10. DOI:10.11964/jfc.20161110607.

张海波, IMRAN Khan, KUMAR Saurav, 等, 2023. 鲸鱼骨来源真菌 *Penicillium* sp. S2014503 化学成分及其生物活性研究 [J]. 热带海洋学报, 42(2): 132–140.

赵国庆, 罗俊荣, 唐峰华, 等, 2022a. 基于渔业数据的南极磷虾 48 渔区渔场时空分布 [J]. 渔业科学进展, 4: 81–92.

赵国庆, 宋学锋, 徐博, 等, 2022b. 基于空间自相关模型的南极半岛北部水域南极磷虾渔场时空演变特征 [J]. 水产学报, 46(3): 359–367.

朱碧春, 顾丽, 李正, 等, 2017. 南极土壤芽孢杆菌的分离鉴定及其防治玉米细菌性褐腐病的研究 [J]. 南京农业大学学报, 40(4): 641–648.

ABOUCHAMI W, GALER S J G, DE BAAR H J W, et al., 2011. Modulation of the Southern Ocean cadmium isotope signature by ocean circulation and primary productivity[J]. Earth and Planetary Science Letters, 305: 83–91.

ABRAM N J, MULVANEY R, VIMEUX F, et al., 2014. Evolution of the Southern Annular Mode during the past millennium[J]. Nature Climate Change, 4: 564–569.

ATKINSON A, HILL S L, PAKHOMOV E A, et al., 2019. Krill (*Euphausia superba*) distribution contracts southward during rapid regional warming[J]. Nature Climate Change, 9: 142–147.

ATKINSON A, HILL S L, REISS C S, et al., 2022. Stepping stones towards Antarctica: Switch to southern spawning grounds explains an abrupt range shift in krill[J]. Global Change Biology, 28: 1359–1375.

BAO T, ZHU R B, WANG P, et al., 2018. Potential effects of ultraviolet radiation reduction on tundra nitrous oxide and methane fluxes in maritime Antarctica[J]. Scientific Reports, 8(1). DOI:10.1038/s41598-018-21881-1.

BARNES D K A, 2015. Antarctic sea ice losses drive gains in benthic carbon drawdown[J]. Current Biology, 25: R789–R790.

CAI M H, YANG H Z, XIE Z Y, et al., 2012. Per-and polyfluoroalkyl substances in snow, lake, surface runoff water and coastal seawater in Fildes Peninsula, King George Island, Antarctica[J]. Journal of Hazardous Materials, 209: 335–342.

CANNONE N, GUGLIELMIN M, CONVEY P, et al., 2016. Vascular plant changes in extreme environments: effects of multiple drivers[J]. Climate Change, 134: 651–665.

CASAL P, ZHANG Y, MARTIN J W, et al., 2017. Role of snow deposition of perfluoroalkylated substances at coastal Livingston Island(Maritime Antarctica)[J]. Environmental science & technology, 51(15): 8460–8470.

CASAS G, MARTÍNEZ-VARELA A, ROSCALES J L, et al., 2020. Enrichment of perfluoroalkyl substances in the sea-surface microlayer and sea-spray aerosols in the Southern Ocean[J]. Environmental Pollution, 267: 115512.

CASTRO-JIMÉNEZ J, SEMPÉRÉ R, 2018. Atmospheric particle-bound organophosphate ester flame retardants and plasticizers in a North African Mediterranean coastal city(Bizerte, Tunisia)[J]. Science of the Total Environment, 642: 383–393.

CCAMLR SECRETARIAT, 2020. Fishery report 2020: Euphausia superba in Area 48 [R]. Tasmania, Commission for the conservation of Antarctic marine living resources, 30.

CHE-CASTALDO C, JENOUVRIER S, YOUNGFLESH C, et al., 2017. Pan-Antarctic analysis aggregating spatial estimates of Adelie penguin abundance reveals robust dynamics despite stochastic noise[J]. Nature Communications, 8: 832.

CHEN Z, LIU H, ZHU G P, 2023. The effects of environmental variables on hotspots of Antarctic krill (*Euphausia superba*) in the Bransfield Strait during autumn[J]. Polar Science, 37: 100948.

CHENG W H, SUN L G, HUANG W, et al., 2013. Detection and distribution of Tris (2-chloroethyl) phosphate on the East Antarctic ice sheet[J]. Chemosphere, 92(8): 1017–1021.

CHU Z D, YANG Z K, WANG Y H, et al., 2019. Assessment of heavy metal contamination from penguins and anthropogenic activities on Fildes Peninsula and Ardley Island, Antarctic[J]. Science of The Total Environment, 646: 951–957.

CLAUSIUS E, MCMAHON C R, HINDELL M A, 2017. Five decades on: Use of historical weaning size data reveals that a decrease in maternal foraging success underpins the long-term decline in population of southern elephant seals (*Mirounga leonina*) [J]. Plos One, 12(3): e0173427.

CONG B L, YIN X F, DENG A F, et al., 2020. Diversity of cultivable microbes from soil of the Fildes Peninsula, Antarctica, and their potential application[J]. Frontier in Microbiology, 11: 570836.

DEL VENTO S, HALSALL C, GIOIA R, et al., 2012. Volatile per-and polyfluoroalkyl compounds in the remote atmosphere of the western Antarctic Peninsula: an indirect source of perfluoroalkyl acids to Antarctic waters? [J] Atmospheric Pollution Research, 3(4): 450–455.

DENG J J, GAO Y, ZHU J L, et al., 2021. Molecular markers for fungal spores and biogenic SOA over the

Antarctic Peninsula: Field measurements and modeling results[J]. Science of the Total Environment, 762. https://doi:10.1016/j.scitotenv.2020.143089.

DING M H, HAN W, ZHANG T, et al., 2020. Towards more snow days in summer since 2001 at the Great Wall Station, Antarctic Peninsula: The role of the Amundsen Sea Low[J]. Advances in Atmospheric Sciences, 37: 494–504.

DING Z, LI L Y, CHE Q, et al., 2016. Richness and bioactivity of culturable soil fungi from the Fildes Peninsula, Antarctica[J]. Extremophiles, 20(4): 425–35. DOI:10.1007/s00792-016-0833-y.

DONG C, ZHANG Q, XIONG S Y, et al., 2023. Occurrence and trophic transfer of polychlorinated naphthalenes(PCNs)in the Arctic and Antarctic benthic marine food webs[J]. Environmental Science & Technology, 57: 17076–17086.

ELISA B, EMILIA R, TANCREDI C, et al., 2020. Plastics everywhere: first evidence of polystyrene fragments inside the common Antarctic collembolan *Cryptopygus antarcticus*[J]. Biology Letters, 16(6): 20200093.

EMSLIE S D, POLITO M J, PATTERSON W P, 2013. Stable isotope analysis of ancient and modern gentoo penguin egg membrane and the krill surplus hypothesis in Antarctica[J]. Antarctic Science, 25: 213–218.

FENG J J, HE C Y, JIANG S H, et al., 2021. *Saccharomycomorpha psychra* ng, n. sp., a novel member of Glissomonadida (Cercozoa) isolated from Arctic and Antarctica[J]. Journal of Eukaryotic Microbiology, 68(3): e12840.

FU J, FU K H, CHEN Y, et al., 2021. Long-range transport, trophic transfer, and ecological risks of organophosphate esters in remote areas[J]. Environmental Science & Technology, 55(15): 10192–10209.

GAO K, MIAO X, FU J, et al., 2020. Occurrence and trophic transfer of per-and polyfluoroalkyl substances in an Antarctic ecosystem[J]. Environmental Pollution, 257: 113383.

GAO X Z, HUANG C, RAO K F, et al., 2018. Occurrences, sources, and transport of hydrophobic organic contaminants in the waters of Fildes Peninsula, Antarctica[J]. Environmental Pollution, 241: 950–958.

GAO Y Z, LI R J, GAO H, et al., 2021. Spatial distribution of cumulative impact on terrestrial ecosystem of the Fildes Peninsula, Antarctica[J]. Journal of Environmental Management, 279: 111735.

GAO Y S, YANG L J, WANG J J, et al., 2018. Penguin colonization following the last glacial-interglacial transition in the Vestfold Hills, East Antarctica[J]. Palaeogeography Palaeoclimatology Palaeoecology, 490: 629–639.

GAO Y S, YANG L J, YANG W Q, et al., 2019. Dynamics of penguin population size and food availability at Prydz Bay, East Antarctica, during the last millennium: A solar control[J]. Palaeogeography Palaeoclimatology Palaeoecology, 516: 220–231.

GAO Y S, YANG L J, LIU H W, et al., 2023. Positive Atlantic Multidecadal Oscillation has driven poleward redistribution of the West Antarctic Peninsula biota through a food-chain mechanism[J]. Science of the Total Environment, 881: 163373.

GE L K, LI J, NA G S, et al., 2016a. Photochemical degradation of hydroxy PAHs in ice: Implications for the polar areas[J]. Chemosphere, 155: 375–379.

GE L K, NA G S, CHEN C E, et al., 2016b. Aqueous photochemical degradation of hydroxylated PAHs: Kinetics, pathways, and multivariate effects of main water constituents[J]. Science of The Total Environment, 547: 166–172.

GE L K, CAO S K, HALSALL C, et al., 2023. Photodegradation of hydroxyfluorenes in ice and water: A comparison of kinetics, effects of water constituents, and phototransformation by-products[J]. Journal of Environmental Sciences. 124: 139–145.

GEBRU T B, ZHANG Q H, DONG C, et al., 2024. The long-term spatial and temporal distributions of polychlorinated naphthalene air concentrations in Fildes Peninsula, West Antarctica[J]. Journal of Hazardous Materials, 463. DOI:10.1016/j.jhazmat.2023.132824.

GERIGHAUSEN U, BRÄUTIGAM K, MUSTAFA O, et al., 2003. Expansion of vascular plants on an Antarctic island–a consequence of climate change? // Huiskes A H L, Gieskes W W C, Rozema J, et al.(eds)Antarctic biology in a global context[M]. Leiden: Backhuys, 79–83.

GUO X H, YANG L J, GAO Y S, et al., 2023. Reconstruction of modified Circumpolar Deep Water intrusion and its oceanographic impact in Prydz Bay, East Antarctica[J]. Quaternary Science Reviews, 322:108400.

GUO X H, YANG L G, GAO Y S, et al., 2023. Reconstruction of modified Circumpolar Deep Water intrusion and its oceanographic impact in Prydz Bay, East Antarctica [J]. Quaternary Science Reviews, 322. https://doi.org/10.1016/j.quascirev.2023.108400.

GUO Y D, WANG N F, LI G Y, et al., 2018. Direct and indirect effects of penguin feces on microbiomes in Antarctic ornithogenic soils[J]. Frontiers in Microbiology, 9: 552. DOI:10.3389/fmicb.2018.00552.

HAO Y F, LI Y M, HAN X, et al., 2019. Air monitoring of polychlorinated biphenyls, polybrominated diphenyl ethers and organochlorine pesticides in West Antarctica during 2011–2017: Concentrations, temporal trends and potential sources[J]. Environmental Pollution, 249: 381–389.

HALL B L, HOELZEL A R, BARONI C, et al., 2006. Holocene elephant seal distribution implies warmer-than-present climate in the Ross Sea [J]. Proceedings of the National Academy of Sciences of the United States of America, 103: 10213–10217.

HAN W B, WANG N F, MA Y, et al., 2019. The effect of organic carbon on soil bacterial diversity in an Antarctic lake region[J]. Journal of Ocean University of China, 18(6): 1402–1410.

HAO Y F, LI Y M, HAN X, et al., 2019. Air monitoring of polychlorinated biphenyls, polybrominated diphenyl ethers and organochlorine pesticides in West Antarctica during 2011—2017: Concentrations, temporal trends and potential sources[J]. Environmental Pollution, 249: 381–389. DOI:10.1016/j.envpol.2019.03.039.

HERNANDO-AMADO S, COQUE T M, BAQUERO F, et al., 2019. Defining and combating antibiotic resistance from One Health and Global Health perspectives[J]. Nature Microbiology, 4(9), 1432–1442.

HU Q H, SUN L G, XIE Z Q, et al., 2013a. Increase in penguin populations during the Little Ice Age in the Ross Sea, Antarctica[J]. Scientific Reports, 3: 2472.

HU Q H, XIE Z Q, WANG X M, et al., 2013b. Secondary organic aerosols over oceans via oxidation of isoprene and monoterpenes from Arctic to Antarctic[J]. Scientific Report, 3: 2280. https://doi.org/10.1038/srep02280.

HUANG T, SUN L G, STARK J, et al., 2011. Relative changes in krill abundance inferred from Antarctic fur seal[J]. Plos One, 6(11): e27331.

HÜCKSTADT L A, PINONES A, PALACIOS D M, et al., 2020. Projected shifts in the foraging habitat of crabeater seals along the Antarctic Peninsula[J]. Nature Climate Change, 10: 472–477.

JIANG L, GAO W, MA X D, et al., 2021. Long-term investigation of the temporal trends and gas/particle partitioning of short- and medium-chain chlorinated paraffins in ambient air of King George Island, Antarctica[J]. Environmental Science & Technology, 55(1): 230–239. DOI:10.1021/acs.est.0c05964.

JIANG M, PANG X, CHEN, H, et al., 2022. Ecological integrity evaluation along the antarctic coast: A case study on the Fildes Peninsula[J]. Continental Shelf Research, 242: 104747. DOI:10.1016/j.csr.2022.104747.J.

KAWAGUCHI S, ATKINSON A, BAHLBURG D, et al., 2023. Climate change impacts on Antarctic krill behaviour and population dynamics[J]. Nature Reviews Earth & Environment, 5: 43–58. https://doi.org/10.1038/s43017-023-00504-y.

KOZERETSKA I A, PARNIKOZA I, MUSTAFA O, et al., 2010. Development of Antarctic herb tundra vegetation near Arctowski station, King George Island[J]. Polar Science, 3: 254–261.

LI C J, CHEN J B, ANGOT H, et al., 2020. Seasonal variation of mercury and its isotopes in atmospheric particles at the coastal Zhongshan Station, Eastern Antarctica[J]. Environmental Science & Technology, 54(18): 11344–11355. DOI:10.1021/acs.est.0c04462.

LI H J, FU J J, ZHANG A G, et al., 2016. Occurrence, bioaccumulation and long-range transport of short-chain chlorinated paraffins on the Fildes Peninsula at King George Island, Antarctica[J]. Environment International, 94: 408–414.

LI J, XIE Z, MI W, et al., 2017. Organophosphate esters in air, snow, and seawater in the north Atlantic and the Arctic[J]. Environmental Science & Technology, 51(12): 6887–6896.

LI Q X, WANG N F, HAN W B, et al., 2022. Soil geochemical properties influencing the diversity of bacteria and archaea in soils of the Kitezh Lake area, Antarctica[J]. Biology, 11(12): 1855.

LI R J, GAO H, HOU C, et al., 2023. Occurrence, source, and transfer fluxes of organophosphate esters in the South Pacific and Fildes Peninsula, Antarctic[J]. Science of the Total Environment, 894: 164263. DOI:10.1016/j.scitotenv.2023.164263.

LI X C, GERBER E P, HOLLAND D M, et al., 2015. A rossby wave bridge from the tropical Atlantic to West Antarctica[J]. Journal of Climate, 28: 2256–2273.

LI X C, HOLLAND D M, GERBER E P, et al., 2014. Impacts of the north and tropical Atlantic Ocean on the Antarctic Peninsula and sea ice[J]. Nature, 505: 538–542.

LI X C, CAI W J, MEEHL G A, et al., 2021. Tropical teleconnection impacts on Antarctic climate changes[J]. Nature Reviews Earth & Environment, 2: 680–698.

LI Y, KROMER B, SCHUKRAFT G, et al., 2014. Growth rate of *Usnea aurantiacoatra*(Jacq.)Bory on Fildes

Peninsula, Antarctica and its climatic background[J]. PLoS ONE, 9(6): e100735.

LIM H S, HAN M J, SEO D C, et al., 2009. Heavy metal concentrations in the fruticose lichen *Usnea aurantiacoatra* from King George Island, South Shetland Islands, West Antarctica[J]. Journal of the Korean Society for Applied Biological Chemistry, 52: 503–508.

LIU Q F, LIU R Z, ZHANG X M, et al., 2023. Oxidation of commercial antioxidants is driving increasing atmospheric abundance of organophosphate esters: Implication for global regulation[J]. One Earth, 6(9): 1202–1212. DOI:10.1016/j.oneear.2023.08.004.

LIU H W, ZHENG W, BERGQUIST B A, et al., 2023. A 1500-year record of mercury isotopes in seal feces documents sea ice changes in the Antarctic[J]. Communications Earth & Environment, 4: 258.

LIU K Z, DING H T, YU Y, et al., 2019. A cold-adapted chitinase-producing bacterium from Antarctica and its potential in biocontrol of plant pathogenic fungi[J]. Marine Drugs, 7(12): 695. DOI:10.3390/md17120695.

LIU Q, JIANG Y, 2020. Application of microbial network analysis to discriminate environmental heterogeneity in Fildes Peninsula, Antarctica[J]. Marine Pollution Bulletin, 156: 111244.

LIU X D, SUN L G, XIE Z Q, et al., 2005a. A 1300-year record of penguin populations at Ardley Island in the Antarctic, as deduced from the geochemical data in the ornithogenic lake sediments[J]. Arctic Antarctic and Alpine Research, 37: 490–498.

LIU X D, SUN L G, YIN X B, et al., 2005b. A preliminary study of elemental geochemistry and its potential application in Antarctic Seal palaeoecology[J]. Geochemical Journal, 39: 47–59.

LIU Y X, ZHANG Y M, HUANG Y O, et al., 2023. Spatial and temporal conversion of nitrogen using *Arthrobacter* sp. 24S4-2, a strain obtained from Antarctica[J]. Frontier in Microbiology, 14: 1040201. DOI:10.3389/fmicb.2023.1040201.

LOZOYA J P, RODRÍGUEZ M, AZCUNE G, et al., 2022. Stranded pellets in Fildes Peninsula (King George Island, Antarctica): New evidence of Southern Ocean connectivity[J]. Science of the Total Environment, 838: 155830.

LUO W, LI H R, GAO S Q, et al., 2016. Molecular Diversity of microbial eukaryotes in sea water from Fildes Peninsula, King George Island, Antarctica[J]. Polar Biology, 39: 605–616. https://doi.org/10.1007/s00300-015-1815-8.

LUO W, DING H T, LI H R, et al., 2020. Molecular Diversity of the microbial community in coloured snow from the Fildes Peninsula (King George Island, maritime Antarctica) [J]. Polar Biology, 43: 1391–1405. https://doi.org/10.1007/s00300-020-02716-0.

LYNCH H J, NAVEEN R, TRATHAN P N, et al., 2012. Spatially integrated assessment reveals widespread changes in penguin populations on the Antarctic Peninsula[J]. Ecology, 93: 1367–1377.

LYONS W B, LAYBOURN-PARRY J, WELCH K A, 2006. Antarctic lake systems and climate change// BERGSTROM D M, CONVEY P, HUISKES A H L. Trends in Antarctic terrestrial and limnetic system[M] Heidelberg: Springer, 273–295.

MIRANDA V, PINA P, HELENO S, et al., 2020. Monitoring recent changes of vegetation in Fildes Peninsula(King George Island, Antarctica)through satellite imagery guided by UAV surveys[J]. Science of The Total Environment, 704: 135295.

MONTES-HUGO M, DONEY S C, DUCKLOW H W, et al., 2009. Recent Changes in Phytoplankton Communities Associated with Rapid Regional Climate Change Along the Western Antarctic Peninsula[J]. Science, 323: 1470–1473.

NA G S, YAO Y, GAO H, et al., 2017. Trophic magnification of Dechlorane Plus in the marine food webs of Fildes Peninsula in Antarctica[J]. Marine Pollution Bulletin, 117(1–2): 456–461.

NA G S, LIU C Y, WANG Z, et al., 2011. Distribution and characteristic of PAHs in snow of Fildes Peninsula[J]. Journal of Environmental Sciences, 23(9), 1445–1451.

NA G S, WANG C X, GAO H, et al., 2019. The occurrence of sulfonamide and quinolone resistance genes at the Fildes Peninsula in Antarctic[J]. Marine Pollution Bulletin, 8: 1663.

NA G S, GAO Y Z, LI R J, et al., 2020. Occurrence and sources of polycyclic aromatic hydrocarbons in atmosphere and soil from 2013 to 2019 in the Fildes Peninsula, Antarctica[J]. Marine Pollution Bulletin, 156: 111173. DOI:10.1016/j.marpolbul.2020.111173.

NA G S, ZHANG W L, GAO H, et al., 2021. Occurrence and antibacterial resistance of culturable antibiotic-resistant bacteria in the Fildes Peninsula, Antarctica[J]. Marine Pollution Bulletin, 162: 111829.

NEGRETE J, JUARES M, AUGUSTO MENNUCCI J, et al., 2022. Population status of southern elephant seals at Peninsula Potter breeding colony, Antarctica[J]. Polar Biology, 45: 987–997.

NOPNAKORN P, ZHANG Y, YANG L, et al., 2023. Antarctic Ardley Island terrace - An ideal place to study the marine to terrestrial succession of microbial communities[J]. Frontier in Microbiology, 14: 942428.

PARNIKOZA I, CONVEY P, DYKYY I, et al., 2009. Current status of the Antarctic herb tundra formation in the central Argentine Islands[J]. Globe Change Biology, 15: 1685–1693.

PETER H U, BUESSER C, MUSTAFA O, et al., 2008. Risk assessment for the Fildes Peninsula and Ardley Island, and the development of management plans for their designation as specially protected or managed areas[M]. Jena: Federal Environment Agency.

PETSCH C, KELLEM DA ROSA K, VIEIRA R, et al., 2020. The effects of climatic change on glacial, proglacial and paraglacial systems at Collins Glacier, King George Island, Antarctica, from the end of the Little Ice Age to the 21st century[J]. Investigaciones Geográficas, 103: e60153.

PIÑONES A, FEDOROV A V, 2016. Projected changes of Antarctic krill habitat by the end of the 21st century[J]. Geophysical Research Letters, 43: 8580–8589.

POLYAKOV V, MAVLYUDOV B, ABAKUMOV E, 2020. Black carbon as a source of trace elements and nutrients in ice sheet of King George Island, Antarctica[J]. Geosciences (Switzerland), 10: 465. DOI:10.3390/geosciences10110465.

PRUDEN A, PEI R, STORTEBOOM H, et al., 2006. Antibiotic resistance genes as emerging contaminants: Studies

in northern Colorado[J]. Environmental Science & Technology, 40(23): 7445–7450.

PURICH A, DODDRIDGE E W, 2023. Record low Antarctic sea ice coverage indicates a new sea ice state[J]. Communications Earth & Environment, 4. https://doi.org/10.1038/s43247-023-00961-9.

REN Z, LI H R, LUO W, 2024. Unraveling the mystery of antibiotic resistance genes in green and red Antarctic snow[J]. Science of the Total Environment, 915: 170148.

ROBERTS S J, MONIEN P, FOSTER L C, et al., 2017. Past penguin colony responses to explosive volcanism on the Antarctic Peninsula[J]. Nature communications, 8: 14914–14914.

ROGERS A D, FRINAULT B A V, BARNES D K A, et al., 2020. Antarctic futures: An assessment of climate-driven changes in ecosystem structure, function, and service provisioning in the Southern Ocean[J]. Annual Review of Marine Science, 12: 87–120.

SABA G K, FRASER W R, SABA V S, et al., 2014. Winter and spring controls on the summer food web of the coastal West Antarctic Peninsula[J]. Nature Communications, 5: 4318.

SHEVENELL A E, INGALLS A E, DOMACK E W, et al., 2011. Holocene Southern Ocean surface temperature variability west of the Antarctic Peninsula[J]. Nature, 470: 250–254.

SUN H Z, LI Y M, HAO Y F, et al., 2020. Bioaccumulation and trophic transfer of polybrominated diphenyl ethers and their hydroxylated and methoxylated analogues in polar marine food webs[J]. Environmental Science & Technology, 54(23): 15086–15096.

SUN H Z, LI Y M, WANG P, et al., 2022. First report on hydroxylated and methoxylated polybrominated diphenyl ethers in terrestrial environment from the Arctic and Antarctica[J]. Journal of Hazardous Materials, 424: 127644.

SUN L G, YIN X B, LIU X D, et al., 2006. A 2000-year record of mercury and ancient civilizations in seal hairs from King George Island, West Antarctica[J]. Science of the Total Environment, 368: 236–247.

SUN L G, EMSLIE S D, HUANG T, et al., 2013. Vertebrate records in polar sediments: Biological responses to past climate change and human activities[J]. Earth-Science Reviews, 126: 147–155.

SUN L G, XIE Z Q, ZHAO J L, et al., 2000a. Monitoring the concentration of N_2O in the Fildes Peninsula, maritime Antarctica[J]. Chinese Science Bulletin, 45: 2000–2004.

SUN L G, XIE Z Q, ZHAO J L, 2000b. A 3,000-year record of penguin populations[J]. Nature, 407: 858–858.

SUN L G, ZHU R B, XIE Z Q, et al., 2002. Emissions of nitrous and methane from Antarctic tundra: role of penguin dropping deposition[J]. Atmospheric Environment, 36: 4977–4982.

SUN L G, ZHU R B, YIN X B, et al., 2004. A geochemical method for the reconstruction of the occupation history of a penguin colony in the maritime Antarctic[J]. Polar Biology, 27: 670–678.

SUN X H, WU W J, LI X W, et al., 2021. Vegetation abundance and health mapping over southwestern Antarctica based on worldview-2 data and a modified spectral mixture analysis[J]. Remote Sensing, 13: 166.

TAN J K, CAO H S, LIU L, et al., 2023. The roles of phosphate in shaping the structure and dynamics of Antarctic soil microbiomes[J]. Advances in Polar Science, 34(1): 28–44.

TORRES-MELLADO G A, JAÑA R, CASANOVA-KATNY M A, 2011. Antarctic hairgrass expansion in the

South Shetland archipelago and Antarctic Peninsula revisited[J]. Polar Biology, 34: 1679–1688.

TRATHAN P N, WARWICK-EVANS V, YOUNG E F, et al., 2022. The ecosystem approach to management of the Antarctic krill fishery - the "devils are in the detail" at small spatial and temporal scales[J]. Journal of Marine System. 225: 103598. DOI:10.1016/j.jmarsys.2021.103598.

TURNER J, LU H, WHITE I, et al., 2016. Absence of 21st century warming on Antarctic Peninsula consistent with natural variability[J]. Nature, 535: 411–415.

VEYTIA D, CORNEY S, MEINERS K M, et al., 2020. Circumpolar projections of Antarctic krill growth potential[J]. Nature Climate Change, 10: 568–575.

VORRATH M E, MÜLLER J, REBOLLEDO L, et al., 2020. Sea ice dynamics in the Bransfield Strait, Antarctic Peninsula, during the past 240 years: a multi-proxy intercomparison study[J]. Climate of the Past, 16: 2459–2483. https://doi.org/10.5194/cp-16-2459-2020.

WANG C, WANG P, ZHAO J P, et al., 2020. Atmospheric organophosphate esters in the Western Antarctic Peninsula over 2014–2018: Occurrence, temporal trend and source implication[J]. Environmental Pollution, 267: 115428. DOI:10.1016/j.envpol.2020.115428.

WANG P Y, D'IMPERIO L, BIERSMA E M, et al., 2020. Combined effects of glacial retreat and penguin activity on soil greenhouse gas fluxes on South Georgia, sub-Antarctica[J]. Science of the Total Environment, 718: 135255. DOI:10.1016/j.scitotenv.2019.135255.

WANG P Y, D'IMPERIO L, LIU B, et al., 2019. Sea animal activity controls CO_2, CH_4 and N_2O emission hotspots on South Georgia, sub-Antarctica[J]. Soil Biology and Biochemistry, 132: 174–186. DOI:10.1016/j.soilbio.2019.02.002.

WANG S, DING M H, LIU G, et al., 2022a. Processes and Mechanisms of Persistent Extreme Rainfall Events in the Antarctic Peninsula during Austral Summer[J]. Journal of Climate, 35: 3643–3657.

WANG S, DING M H, LIU G, et al., 2022b. On the drivers of temperature extremes on the Antarctic Peninsula during austral summer[J]. Climate Dynamics, 59: 2275–2291.

WANG S, DING M H, LIU G, et al., 2023. New record of explosive warmings in East Antarctica[J]. Science Bulletin, 68: 129–132.

WANG S, LIU G, DING M H, et al., 2021. Potential mechanisms governing the variation in rain/snow frequency over the northern Antarctic Peninsula during austral summer[J]. Atmospheric Research, 263: 105811.

WANG S S, YAN J P, LIN Q, et al., 2021. Formation of marine secondary aerosols in the Southern Ocean, Antarctica[J]. Environmental Chemistry, 18(5–6): 285–293. https://doi:10.1071/en21068.

WANG J C, ZHANG L L, XIE Z Q, 2016. Total gaseous mercury along a transect from coastal to central Antarctic: Spatial and diurnal variations[J]. Journal of Hazardous Materials, 317(5): 362–372.

WANG N F, ZANG J, MING K L, et al., 2013. Production of cold-adapted cellulase by *Verticillium* sp. isolated from Antarctic soils[J]. Electronic Journal of Biotechnology, 16(4): 10–10. DOI:10.2225/vol16-issue4-fulltext-12.

WANG N F, ZHANG T, ZHANG F, et al., 2015. Diversity and structure of soil bacterial communities in the Fildes Region(maritime Antarctica)as revealed by 454 pyrosequencing[J]. Frontiers in Microbiology, 6: 1188. DOI: 10.3389/fmicb.2015.01188.

WANG P, LI Y M, ZHANG Q H, et al., 2017. Three-year monitoring of atmospheric PCBs and PBDEs at the Chinese Great Wall Station, West Antarctica: Levels, chiral signature, environmental behaviors and source implication[J]. Atmospheric Environment, 150: 407–416.

WANG P, MENG W Y, ZHANG W W, et al., 2023. Source identification of PCBs in Antarctic air by compound-specific isotope analysis of chlorine (CSIA-Cl) using HRGC/HRMS[J]. Journal of Hazardous Materials, 448: 130907.

WANG P, ZHANG Q H, WANG T, et al., 2012. PCBs and PBDEs in environmental samples from King George Island and Ardley Island, Antarctica[J]. RSC Advances, 2(4): 1350–1355.

WANG X L, ZHANG J C, ZHAO X Y, 2016. A post-processing method to remove interference noise from acoustic data collected from Antarctic krill fishing vessels[J]. CCAMLR Science, 23: 17–30.

WANG X L, SKARET G, GODØ O R, 2017a. Processing of acoustic recordings from krill fishing vessels collected during fishing operations and surveying[R]//Working Paper submitted to the CCAMLR Working Group on Acoustic Survey and Analysis Methods (SG-ASAM-2017/03). Hobart: CCAMLR.

WANG X L, SKARET G, GODØ O R, et al., 2017b. Dynamics of Antarctic krill in the bransfield strait during austral summer and autumn investigated using acoustic data from a fishing vessel[R]//Working Paper submitted to the CCAMLR Working Group on Ecosystem Monitoring and management (WG-EMM-2017/40). Hobart: CCAMLR.

WANG Y, HUAI B, THOMAS E R, et al., 2019. A New 200-Year Spatial Reconstruction of West Antarctic Surface Mass Balance[J]. Journal of Geophysical Research: Atmospheres, 124: 5282–5295.

WANG Y, XIAO C, 2023. An increase in the Antarctic surface mass balance during the past three centuries, dampening global sea level rise[J]. Journal of Climate, 36: 8127–8138.

WILD S, MCLAGAN D, SCHLABACH M, et al., 2015. An Antarctic research station as a source of brominated and perfluorinated persistent organic pollutants to the local environment[J]. Environmental Science & Technology, 49(1): 103–112.

WOLSCHKE H, MENG X Z, XIE Z Y, et al., 2015. Novel flame retardants (N-FRs), polybrominated diphenyl ethers(PBDEs)and dioxin-like polychlorinated biphenyls (DL-PCBs) in fish, penguin, and skua from King George Island, Antarctica[J]. Marine Pollution Bulletin, 96(1–2): 513–518.

WU Z L, LIN T, SUN H, et al., 2023. Polycyclic aromatic hydrocarbons in Fildes Peninsula, maritime Antarctica: Effects of human disturbance[J]. Environmental Pollution, 318. DOI:10.1016/j.envpol.2022.120768.

XIE A H, WANG S M, WANG Y C, et al., 2019. Comparison of temperature extremes between Zhongshan Station and Great Wall Station in Antarctica[J]. Sciences in Cold and Arid Regions, 10: 369–378.

XIE Z Q, SUN L G, WANG J J, et al., 2002. A potential source of atmospheric sulfur from penguin colony emissions[J]. Journal of Geophysical Research, 107(D22): 4617. DOI:10.1029/2002JD002114.

XIN M, CLEM K R, TURNER J, et al., 2023a. West-warming East-cooling trend over Antarctica reversed since early 21st century driven by large-scale circulation variation[J]. Environmental Research Letters, 18: 064034.

XIN M, LI X, STAMMERJOHN S E, et al., 2023b. A broadscale shift in antarctic temperature trends[J]. Climate Dynamics, 61: 4623–4641.

XU G J, CHEN L Q, XU T Y, et al., 2021. Distributions of water-soluble ions in size-aggregated aerosols over the Southern Ocean and coastal Antarctica[J]. Environmental Science: Processes Impacts, 23: 1316–1327.

XU M, YU L J, LIANG K X, et al., 2021. Dominant role of vertical air flows in the unprecedented warming on the Antarctic Peninsula in February 2020[J]. Communications Earth & Environment, 2: 133.

XU Q B, YANG L J, GAO Y S, et al., 2021. 6, 000-year reconstruction of modified circumpolar deep water intrusion and its effects on sea ice and penguin in the Ross Sea[J]. Geophysical Research Letters, 48(15). DOI:10.1029/2021GL094545.

XU Y, FENG L, JEFFREY P D, et al., 2008. Structure and metal exchange in the cadmium carbonic anhydrase of marine diatoms[J]. Nature, 452: 56–61.

YAN J P, JUNG J Y, ZHANG M M, et al., 2019. Significant underestimation of gaseous methanesulfonic acid(MSA)over Southern Ocean[J]. Environmental Science & Technology, 53(22): 13064–13070. https://doi:10.1021/acs.est.9b05362.

YANG C Y, SMITH A K, LI T, et al., 2020. Can the Madden-Julian Oscillation affect the Antarctic total column ozone?[J] Geophysical Research Letters, 47: e2020GL088886.

YANG G, ATKINSON A , HILL S L, et al., 2021. Changing circumpolar distributions and isoscapes of Antarctic krill: Indo-Pacific habitat refuges counter long-term degradation of the Atlantic sector[J]. Limnology and Oceanography, 66: 272–287.

YANG L J, GAO Y S, SUN L G, et al., 2019. Enhanced westerlies drove penguin movement at 1000 yr BP on Ardley Island, west Antarctic Peninsula[J]. Quaternary Science Reviews, 214: 44–53.

YANG L J, SUN L G, EMSLIE S D, et al., 2018. Oceanographic mechanisms and penguin population increases during the Little Ice Age in the southern Ross Sea, Antarctica[J]. Earth and Planetary Science Letters, 481: 136–142.

YAO Y F, WANG X, LI J F, et al., 2017. A network for long-term monitoring of vegetation in the area of Fildes Peninsula, King George Island[J]. Advance in Polar Sciencs, 28(1): 23–27.

YE Y Q, ZHAN H C, YU X W, et al., 2021. Detection of organosulfates and nitrooxy-organosulfates in Arctic and Antarctic atmospheric aerosols, using ultra-high resolution FT-ICR mass spectrometry[J]. Science of the Total Environment, 767. https://doi:10.1016/j.scitotenv.2020.144339.

YIN J H, 2005. A consistent poleward shift of the storm tracks in simulations of 21st century climate[J]. Geophysical Research Letters, 32(18): L18701.

YING Y P, WANG X L, ZHU J C, et al., 2017. Krill CPUE standardisation and comparison with acoustic

data based on data collected from Chinese fishing vessels in subarea 48.1[R]//Working Paper submitted to the CCAMLR Working Group on Ecosystem Monitoring and management (WG-EMM-2017/41). Hobart: CCAMLR.

YU B, YANG L, LIU H W, et al., 2021. Katabatic wind and sea–ice dynamics driveisotopic variations of total gaseous mercury on the Antarctic coast[J]. Environmental Science & Technology, 55(9): 6449–6458.

YUE F G, XIE Z Q, YAN J P, et al., 2021. Spatial distribution of atmospheric mercury species in the Southern Ocean[J]. Journal of Geophysical Research: Atmospheres, 126(17): e2021JD034651. https://doi.org/10.1029/2021JD034651.

YUAN N M, DING M H, HUANG Y, et al., 2015. On the long-term climate memory in the surface air temperature records over Antarctica: A nonnegligible factor for trend evaluation[J]. Journal of Climate, 28: 5922–5934.

ZENG Y X, YONG Y, QIAO Z Y, et al., 2014. Diversity of bacterioplankton in coastal seawaters of Fildes Peninsula, King George Island, Antarctica[J]. Archives of Microbiology, 196(2): 1–11.

ZENG Z, WANG X, WANG Z, et al., 2022. A 35-year daily global solar radiation dataset reconstruction at the Great Wall Station, Antarctica: First results and comparison with ERA5, CRA40 reanalysis, and ICDR(AVHRR) satellite products[J]. Frontiers in Earth Science, 10: 961799.

ZHANG C M, LI H R, ZENG Y X, et al., 2024. Characteristics of bacterial communities in aquatic ecosystems near the Collins glacial(Fildes Peninsula, Antarctica)[J]. Ecological Indicators. (Accepted).

ZHANG C M, LI H R, ZENG Y X, et al., 2022. Diversity and assembly processes of microbial eukaryotic communities in Fildes Peninsula Lakes (West Antarctica) [J]. Biogeosciences, 19: 4639–4654. https://doi.org/10.5194/bg-19-4639-2022.

ZHANG M M, MARANDINO C A, YAN J P, et al., 2021. DMS sea-to-air fluxes and their influence on sulfate aerosols over the Southern Ocean, south-east Indian Ocean and north-west Pacific Ocean[J]. Environmental Chemistry, 18(5–6): 193–201. https://doi:10.1071/en21003.

ZHANG T, JI Z, LI J, et al., 2022a. Metagenomic insights into the antibiotic resistome in freshwater and seawater from an Antarctic ice-free area[J]. Environmental Pollution, 309: 119738.

ZHANG T, YAN D, JI Z Q, et al., 2022b. A comprehensive assessment of fungal communities in various habitats from an ice-free area of maritime Antarctica: diversity, distribution, and ecological trait[J]. Environmental Microbiome, 17: 54. https://doi.org/10.1186/s40793-022-00450-0.

ZHANG W Y, JIAO Y, ZHU R B, et al., 2021. Chloroform ($CHCl_3$) emissions from coastal Antarctic tundra[J]. Geophysical Research Letters, 48: e2021GL093811. https://doi.org/10.1029/2021GL093811.

ZHANG W Y, JIAO Y, ZHU R B, et al., 2020. Methyl chloride and mMethyl bromide production and consumption in coastal Antarctic tundra soils subject to sea animal activities[J]. Environmental Science & Technology, 54(20): 13354–13363. https://doi.org/10.1021/acs.est.0c04257.

ZHANG X, WANG Y, HOU S, et al., 2023. Significant west Antarctic cooling in the past two decades driven by tropical pacific forcing[J]. Bulletin of the American Meteorological Society, 104: E1154–E1165.

ZHANG Y M, LU L, CHANG X L, et al., 2018. Small-scale soil microbial community heterogeneity linked to landform historical events on King George Island, maritime Antarctica[J]. Frontier in Microbiology, 9: 3065.

ZHENG D, YIN G, LIU M, et al., 2021. A systematic review of antibiotics and antibiotic resistance genes in estuarine and coastal environments[J]. Science of The Total Environment, 777: 146009.

ZHAO J P, WANG P, WANG C, et al., 2020. Novel brominated flame retardants in West Antarctic atmosphere (2011—2018): Temporal trends, sources and chiral signature[J]. Science of The Total Environment, 720: 137557. https://doi.org/10.1016/j.scitotenv.2020.137557.

ZHAO Y X, WANG X L, ZHAO X Y, et al., 2022. A statistical assessment of the density of Antarctic krill based on "chaotic" acoustic data collected by a commercial fishing vessel[J]. Frontiers in Marine Science, 9. https://doi.org/10.3389/fmars.2022.934504.

ZHAO Y X, WANG X L, ZHAO X Y, et al., 2021. Monthly variation of Antarctic krill biomass in a main fishing ground in the Bransfield strait based on fishing vessel acoustic data collected during routine fishing operations[R]//Working Paper submitted to the CCAMLR Working Group on Acoustic Survey and Analysis Methods (WG-ASAM-2021/10). Hobart: CCAMLR.

ZHU R B, LIU Y S, XU H, et al., 2013. Marine animals significantly increase tundra N_2O and CH_4 emissions in maritime Antarctica[J]. Journal of Geophysical Research: Biogeosciences, 118(4): 1773–1792. DOI:10.1002/2013jg002398.

ZHU R B, MA D W, XU H, 2014. Summertime N_2O, CH_4 and CO_2 exchanges from a tundra marsh and an upland tundra in maritime Antarctica[J]. Atmospheric Environment, 83: 269–281. DOI:10.1016/j.atmosenv.2013.11.017.

附录 1
南极长城极地生态国家野外
科学观测研究站简介

1 南极长城国家野外站概况

中国南极长城站于 1985 年 2 月 20 日建成启用，是我国首个极地科学考察站。长城站位于西南极南设得兰群岛乔治王岛西南部的菲尔德斯半岛（62°12′59″S，58°57′52″W），距离北京约 17 502 km，南北向布局，占地面积 2.52 km²，平均海拔高度 10 m（附图 1）。

长城站所在的乔治王岛地区具有亚南极典型的偏温暖、多降水和复杂多变的气候环境特征，生物区系相对复杂，企鹅、飞鸟、海豹、海洋大型藻类和苔藓地衣等动植物丰富。该地区也是南极升温最为迅速和人类活动最为频繁的地区，因而具有极为丰富的极地科学考察与研究资源，是我国南极基础生态环境和生物资源观测、研究、示范和服务的核心共享平台，同时也是国家南极权益维护的重要科技支点和我国极地科技成果国际展示窗口。

附图 1　长城站站区全景

2000年9月南极长城站被科技部列为国家野外科学观测研究站（试点站），2006年8月通过科技部评估，同年11月正式纳入国家野外科学观测研究站序列，全称为南极长城极地生态国家野外科学观测研究站。

1.1 长城国家野外站总体定位

面向国家重大需求和极地前沿科学问题，遵循国家野外站观测、研究、示范和服务的总体定位，将长城国家野外站建设成为我国南极生态环境和生物资源观测研究国家中心、极地人才培养实践、科研成果示范应用、极地科普的核心平台，国家南极权益维护的重要科技支点和我国极地科技成果国际展示窗口，从而构建我国"认识南极、保护南极、利用南极"的科技平台高地。

（1）长期观测：南极典型生态系统国家长期观测平台

基于长城国家野外站所在区域丰富的生物区系，开展南极鸟类、哺乳动物、浮游生物、陆地植被和微生物类群的长期观测，以及水体、土壤、大气、雪冰等基础环境长期监测，掌握站区周边生态环境的季节和年际变化特征，评估气候变化和人类活动对南极生态环境的潜在影响，为南极生态环境保护和国际治理提供科学支持，提升我国的南极影响力和话语权。

（2）科学研究：南极环境变化及生态响应国家前沿研究平台

长城国家野外站所在区域是南极升温最为显著的地区之一，同时也是人类南极活动最多的地区。开展南极生态系统对气候变化响应的研究，了解人类活动对南极生态系统的影响，探明南极生态系统及其年际变化特征，掌握南极特殊生物类群对环境的适应机理，从而预测南极持续升温对生态系统、类群和种群遗传特性的潜在影响，为人类认识南极做出中国贡献。

（3）利用示范：南极生物资源调查与利用国家示范平台

长城国家野外站所在区域具有丰富的物种遗传资源。获取长城国家野外站周边区域生物的遗传、物种资源，开展南极物种活性物质的应用潜力研究，推进我国的极地生物资源利用能力和水平。通过卫星遥感掌握南极半岛周边的海冰、表层水文和水色的季节和年际变化特征，为磷虾捕捞等海洋生物资源大规模利用提供背景资料。同时，在极地人才培养、科技成果示范推广、知识传播与科学普及等方面发挥引领示范作用。

（4）共享服务：资源共享服务与极地权益维护科技支撑平台

与国家极地科学数据中心合作，开发建立稳定运行的野外站观测数据汇聚系统并提供数据共享服务，提升观测数据挖掘的广度和深度，实施创新应用研究，促进我国在南极原创性重大科技成果产出。为我国南极生态环境考察研究提供现场平台和服务，推进国际合作，为我国"认识南极、保护南极、利用南极"提供现场平台支撑和条件保障。

1.2 长城国家野外站研究方向

长城国家野外站所在区域是南极升温最为显著的地区，具有典型的亚南极生态环境特征，生物区系丰富，考察活动和旅游等人类活动密集，是开展生态系统监测与研究的理想之地。利用长城国家野外站的特点和地域优势，结合国家需求，重点开展南极生态系统和生物多样性的监测评价工作，同时为国内外的科研工作者提供生态系统对环境变化响应、生物资源利用和南极环保技术等评估和研究现场共享平台支撑。

长城国家野外站研究方向主要包括：生态系统与生物多样性监测与评估、生态系统对全球气候变化的响应与反馈、生物环境适应性与生物资源利用3个方面。

（1）生态系统与生物多样性监测与评估

长城国家野外站周边生物区系丰富，是评价亚南极地区生态系统和生物多样性的理想之地。通过对周边陆地和海洋微生物、低等植被以及鸟类和哺乳动物的长期业务化监测，分析该地区对环境变化敏感的典型生物类群特性和年际变化特征，评估典型生物类群的生物多样性及其对环境变化的响应，并提出相应的保护措施。

（2）生态系统对全球气候变化的响应与反馈

长城国家野外站所在区域为南极气候环境波动最为显著的地区。依托长城国家野外站开展多圈层立体综合监测与研究，阐明西南极环境本底、生态系统及其应对气候快速变化和人类活动的机理，为评估气候高度敏感的南极地区对全球气候变化及人类活动的响应、适应特征和未来趋势提供基础观测资料，提升我国的极地科学影响力和话语权。

（3）生物环境适应性与生物资源利用

极地极端环境生物经过长期进化，具备了对特殊环境的适应能力。获取长城国家野外站周边陆地和近岸海洋的遗传、物种资源，研究微生物、植物和鱼类等物种对南极环境的适应机理，提取南极物种的活性物质并开展应用潜力研究，推进我国的极地生物资源利用能力和水平。

2 平台基础条件

2.1 基础设施设备

长城国家野外站现有生活栋、科研办公楼、综合活动中心、发电栋、综合库等各类建筑12座，总建筑面积4082 m²，为我国南极科学考察提供了优良的工作和生活环境。夏季可容纳40人左右度夏考察，冬季可供25人左右越冬考察。考察人员可乘飞机或乘船前往，交通相对便利。

长城国家野外站现有6台柴油发电机组为全站供电，配备起重机、履带式挖掘机、轮式装载机、全地形车、雪地摩托、橡皮艇等各类工程机械和车辆20余台，同时配备10 M带宽的卫星通信网络系统，满足全站对外的通信需求。除此之外，长城国家野外站还配备有医务室、危化品集装箱、消防报警系统和储油系统等，保障长城国家野外站的安全平稳运行（附图2）。

附图 2　长城国家野外站部分后勤支撑设备

2.2　现场观测系统

长城国家野外站建有气象观测站、验潮站、全球导航卫星系统（GNSS）、海床基观测系统等自动化观测设备 30 余套（附图 3），同时实现了观测数据的实时采集、远程传输及可视化监控，为科学考察管理精细化、极区设备智能化和安全稳定运行提供了重要保障。同时，在菲尔德斯半岛和阿德利岛还建有 13 个固定植被样方（参见图 3.7），开展植被的长期监测。

自动气象站　　气象观测场　　雷达式验潮仪　　多轴差分光谱仪　　压力式验潮仪　　多频段卫星观测仪

海床基观测系统　　　　土壤自动气象站　　湖泊水质监测仪　　　污水水质监测设备

附图 3　长城国家野外站部分自动化观测系统

2.3　实验室及配套

长城国家野外站实验室规模约为 1000 m^2，包括气象观测室、生态环境动力学实验室、综合实验室、生物培养室和化学药品库等，配备价值超过 2000 万元的实验室设备（附图 4 和

附图5）。长城国家野外站实验室的建设，围绕总体定位和研究方向，具备了对考察站周边区域的陆地、大气、海湾、潮间带、湖泊等基础环境调查以及生物生态调查功能，实现了样品采集、前处理以及出具部分现场数据的完整实验流程。并且，长城国家野外站结合自身独特的地理区位特点，还开展了空间物理、地球物理等学科的研究，丰富了我国极地领域的成果产出。

附图4　长城国家野外站实验室

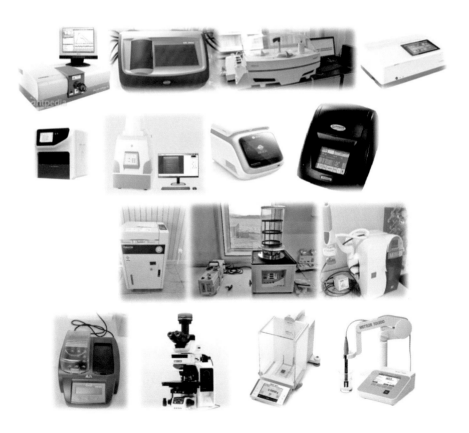

附图5　长城国家野外站部分实验室设备

2.4 数据系统建设

依托中国极地业务服务平台，建有长城国家野外站网站（附图6），网址为 https://greatwall.chinare.org.cn/greatwall/index。通过该平台，可实现覆盖极地考察数据和极地研究数据的汇交、审核、管理和共享的全生命周期数据管理体系。长城国家野外站现有历年考察获取的南极菲尔德斯半岛地区基础环境和典型生物类群观测数据，可为国内外对极地生态环境研究人员和感兴趣人员提供共享服务，以服务于与生态环境相关的评估分析、科学研究、保护管理以及科学普及等任务。

附图6　长城国家野外站网站主页

3 管理组织体系

3.1 组织架构

长城国家野外站实行学术委员会指导下的站长负责制（附图7），学术委员会由全国生态环境领域知名专家组成。学术委员会负责审议长城国家野外站的发展方向、观测实验研究目标、重要学术进展、科研诚信建设及其他重要事项。充分发挥长城国家野外站规划、把关的作用。

长城国家野外站设1位站长和2位副站长，站长全面负责各项工作；1位副站长负责监测/科研项目、学术交流、国际合作、成果管理、人才培养等业务工作；另外1位副站长负责现场后

勤支撑业务和管理工作；其他的平台支撑人员负责日常任务的落实支撑。

现任学术委员会主任为潘德炉院士。现任站长为何剑锋研究员，副站长为丁海涛副研究员。

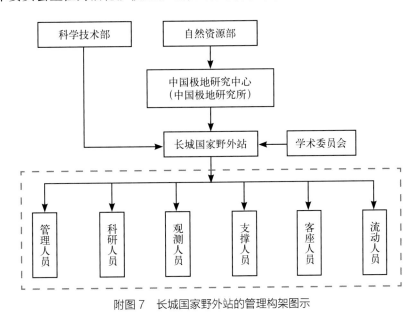

附图7　长城国家野外站的管理构架图示

3.2　人才队伍

长城国家野外站的人才队伍管理参照科技部国家野外站制度，由固定人员、客座人员和流动人员3部分组成。

固定人员包括来自依托单位中国极地研究中心（中国极地研究所）、负责野外站管理运行和研究的固定员工。长城国家野外站现有固定工作人员40人，其中高级职称人员19人，占比47.5%；45岁以下30人，占比75.0%；博士学位19人，占比47.5%。学科带头人为何剑锋研究员。

客座人员有依托长城国家野外站开展科学研究的项目负责人以及有紧密合作关系的其他国家平台的相关研究人员。客座人员聘期根据项目执行周期而定，项目立项后根据需要聘任、项目结题后自动解聘。

流动人员主要来自参加长城国家野外站现场考察的人员，其中长期监测项目现场执行人由长城国家野外站统筹后报自然资源部批准、纳入现场统一管理；科学研究项目由项目负责人提名、报自然资源部批准、纳入现场统一管理。

附录 2

英文缩略词

缩略词	英文全称	中文
ACC	Antarctic Cirumpolar Current	南极绕极流
AIS	Antarctic Ice Sheet	南极冰盖
AMDEs	atmospheric mercury depletion events	大气汞亏损事件
AMO	Atlantic Multidecadal Oscillation	大西洋多年代际涛动
ARB	antibiotic resistance bacteria	抗生素抗性细菌
ARGs	antibiotics resistance genes	抗生素抗性基因
ASL	Amundsen Sea Low	阿蒙森海低压
ASPA	Antarctic Specially Protected Area	南极特别保护区
BAF	bio-accumulation factor	生物累积系数
B.P.	before present	距今
BS	Bransfield Strait	布兰斯菲尔德海峡区
BSAF	biota-sediment accumulation factor	生物 – 沉积物积累系数
BSBW	Brownsfield Strait Bottom Water	布朗斯菲尔德海峡底层水
CCA	Canonical Correlation Analysis	典型关联分析
CCAMLR	Commission for the Conservation of Antarctic Marine Living Resources	南极海洋生物资源养护委员会
CDW	Circumpolar Deep Water	绕极深层水
CFU	colony forming units	菌落形成单位
CPs	Chlorinated Paraffins	氯化石蜡
CPUE	Catch Per Unit Effort	单位捕捞努力量渔获量
CSIA-Cl	Compound Specific Isotope Analysis- Chlorine	单体氯同位素分析
DMPS	Dimethyl pentasulfide	二甲基五硫化物
DMTS	Dimethyl trisulfide	二甲基三硫化物
DMTTS	Dimethyl tetrasulfide	二甲基四硫化物
DNRA	dissimilatory nitrate reduction to ammonium	异化硝酸盐产氨

续表

缩略词	英文全称	中文
DNA	deoxyribonucleic acid	脱氧核糖核酸
DP	Dechlorane Plus	得克隆
ENSO	El Niño-Southern Oscillation	厄尔尼诺－南方涛动
EOF	Empirical Orthogonal Function	经验正交方程
EPS	expanded polystyrene	膨胀聚苯乙烯
FWMF	food web magnification factor	食物网放大系数
GAM	Generalized Additive Model	广义加性模型
GEM	gaseous elemental mercury	气态单质汞
GNSS	Global Navigation Satellite System	全球导航卫星系统
GOM	gaseous oxidized mercury	气态氧化态汞
HBCDs	hexabromocyclododecanes	六溴环十二烷
HIPS	High Impact Polystyrene	高抗冲聚苯乙烯
HT	Hesperides Trough	埃斯佩里兹海槽区
IAATO	International Association of Antarctica Tour Operators	国际南极旅游组织协会
IBE	Index of biology and ecology	生物学和生态学指标
ICC	index of climate change	气候变化指标
IHA	index of human activity	人类活动指标
IPO	Pacific Decadal Oscillation	太平洋年代际涛动
ITS	Internally Transcribed Spacer	内转录间隔区
KEGG	Kyoto Encyclopedia of Genes and Genomes	京都基因和基因组数据库
LADCP	Lowered Acoustic Doppler Current Profiler	下放式声学多普勒海流剖面仪
LIA	Little Ice Age	小冰期
LOD	limit of detection	检出限
LTER	long-term ecological research	长期生态研究
MSA	Methanesulfonic acid	甲基磺酸
MCCPs	Medium-Chain Chlorinated Paraffins	中链氯化石蜡
MeHg	Methylmercury	甲基汞
MF	Matched Filter	匹配滤波

续表

缩略词	英文全称	中文
NASA	National Aeronautics and Space Administration	美国国家航空航天局
NBFRs	Novel Brominated Flame Retardants	新型溴代阻燃剂
NDVI	Normalized Difference Vegetation Index	归一化差异植被指数
OC	Organic Carbon	有机碳
OCPs	Organochlorine pesticides	有机氯农药
OH-PAHs	hydroxyl polycyclic aromatic hydrocarbons	羟基多环芳烃
OPEs	Organophosphate esters	有机磷酸酯
OSs	Organosulfates	有机硫酸酯
PAHs	Polycyclic Aromatic Hydrocarbons	多环芳烃
PBDEs	Polybrominated Diphenyl Ethers	多溴联苯醚、多溴二苯醚
PB-SOP	Powell Basin-South Orkney Plateau	鲍威尔海盆边缘－南奥克尼海台区
PCBs	polychlorinated biphenyls	多氯联苯
PCNs	polychlorinated naphthalenes	多氯萘
PE	Polyethylene	聚乙烯
PERMANOVA	Permutational Multivariate Analysis of Variance	多元方差分析
PET	Polythyleneterephthalate	聚对苯二甲酸乙二醇酯
PFASs	Per- and polyfluoroalkyl substances	全氟和多氟烷基化合物
PFBA	Perfluorobutyric acid	全氟丁酸
PFHxS	Perfluorohexane sulfonic acid	全氟己基磺酸
PFOA	Pentadecafluorooctanoic acid	全氟辛酸
PFOS	Perfluorooctane sulfonates	全氢辛烷磺酸
POPs	Persistent Organic Pollutants	持久性有机污染物
PP	Polypropylene	聚丙烯
PS	Polystyrene	聚苯乙烯
PVC	Polyvinyl chloride	聚氯乙烯
RCP	Representative Concentration Path	典型浓度路径
RDA	Redundancy analysis	冗余分析
RMSE	Root Mean Square Error	均方根误差

缩略词	英文全称	中文
RNA	Ribonucleic Acid	核糖核酸
RQ	risk quotient	风险系数
SAM	Southern Annular Mode	南半球环状模
SCCPs	Short-Chain Chlorinated Paraffins	短链氯化石蜡
SMA	Spectral Mixture Analysis	光谱混合分析法
SMB	Sheet Mass Balance	冰盖物质平衡
SOA	secondary organic aerosol	二次有机气溶胶
SOC	secondary organic carbon	二次有机碳
SPAHs	substituted polycyclic aromatic hydrocarbons	多环芳烃衍生物
SSI	South Shetland Islands	南设得兰群岛
SSS	Scotia Sea Southern Slope	斯科舍海南部陆坡区
SSU rRNA	small subunit ribosomal RNA	小亚基核糖体 RNA
SSW	Summer Surface Water	夏季表层水
SVOCs	semi-volatile organic compounds	半挥发性有机物
SW	Shelf Water	陆架水
TAP	tip of the Antarctic Peninsula	南极半岛最北端
TBEP	Tris（butoxyethyl）Phosphate	磷酸三（丁氧基乙基）酯
TCEP	Tris（2-chloroethyl）phosphate	磷酸三（2- 氯乙基）酯
TCPP	Tris（1-Chloro-2-Propyl）Phosphate	磷酸三（1- 氯 -2- 丙基）酯
TDCP	Tris（1,3-dichloropropan-2-propyl）phosphate	磷酸三（1，3- 二氯 -2- 丙基）酯
TDtBPP	Tris（2,4-di-tert-butylphenyl）phosphate	磷酸三（2，4- 二叔丁基苯基）酯
TEHP	Tri-2-ethylhexyl phosphate	磷酸三（2- 乙基己基）酯
TiBP	Triisobutyl phosphate	磷酸三异丁酯
TMF	trophic magnification factor	营养级放大因子
TN	total nitrogen	总氮
TnBP	Tri-n-butyl phosphate	磷酸三丁酯
TOC	total organic carbon	总有机碳
TPhP	Triphenyl phosphate	磷酸三苯酯

续表

缩略词	英文全称	中文
UNEP	United Nations Environment Programme	联合国环境规划署
U.S. EPA	U.S. Environmental Protection Agency	美国国家环境保护局
VHR	very high resolution	超高分辨率
WAP	Western Antarctic Peninsula	西南极半岛
WDW	Weddell Deep Water	威德尔深层水
WSDW	Weddell Sea Deep Water	威德尔海深层水
WSBW	Weddell Sea Bottom Water	威德尔海底层水
WW	winter water	冬季水
XPS	extruded polystyrene	挤塑聚苯乙烯